武侠化学

李开周 ◎ 著

 化学工业出版社

· 北京 ·

图书在版编目（CIP）数据

武侠化学／李开周著 . —北京：化学工业出版社，
2018.3（2025.2 重印）

ISBN 978-7-122-31535-9

Ⅰ.①武… Ⅱ.①李… Ⅲ.①化学－普及读物

Ⅳ.① O6-49

中国版本图书馆 CIP 数据核字（2018）第 031297 号

责任编辑：罗　琨　　　　　　　　　装帧设计：水玉银
责任校对：边　涛

出版发行：化学工业出版社（北京市东城区青年湖南街 13 号　邮政编码 100011）
印　　装：三河市双峰印刷装订有限公司
710mm×1000mm　1/16　印张 13½　字数 147 千字
2025 年 2 月北京第 1 版 第18次印刷

购书咨询：010-64518888　　　　　　售后服务：010-64518899
网　　址：http://www.cip.com.cn

定　价：39.80 元

序言
preface

开场白：走进化学，你需要故事

这是我的第二本科普书。

上一本《武侠物理》，用武侠故事演绎了一些基本的物理定律；这一本《武侠化学》，试图用武侠故事来科普一些浅显的化学知识。

比如说，屠龙刀无坚不摧，倚天剑削铁如泥，如此锋利的宝刀宝剑，人世间真的存在吗？如果存在，其中又有什么化学原理呢？

比如说，江湖宵小打不过人家，就使毒害人，诸如蒙汗药、断肠散、五鼓断魂香、含笑半步跌，声名远扬，大行其道，或为居家旅行之"良药"，或为杀人越货之法宝。这些毒药到底包括哪些化学成分呢？倘若被我们不小心口服或者外敷，又会发生什么样的化学反应呢？

再比如说，江湖上既流行单打独斗，也流行大家一起上，为了进一步提升大家一起上的杀伤力，某些胸中有韬略的高手创造出各种各样的阵法，包括剑阵、刀阵、蟠龙阵、打狗阵、北斗七星阵、一字长蛇阵……这些阵法其实与化学暗合。通过观察阵法的变幻，我们也许可以领略到原子的模型、分子的结构、化学键的形成与断裂。

我们生活的这个世界，无论植物、动物还是人体，无论星空、海洋还是陆地，无论是自然形成的物质，还是人为创造的物体，归根结底都是化学，都是化学元素的神奇组合。我们要想从更靠谱的角度理解这个世界，而不是听信宗教的启示、巫术的安排、心灵鸡汤的宣传教化，那么绝对有必要掌握一些基础的化学知识。

就像其它许多自然科学一样，化学看上去是那么令人生畏。别的不说，单是一张元素周期表，要背会它至少需要一天吧？即使你把它背得滚瓜烂熟，能在相关考试中拿到满分，如果不能从更深层次去理解它的话，对于理解这个世界又有什么帮助呢？还不是考完就忘，考完就扔！

我相信，翻开这本书的读者朋友大多接受过基础教育，换句话说，大多接触过中学化学。跟我小时候相比，现在中学化学的课程设计已经合理多了，既重理论，也重实验，由浅入深，循序渐进，将什么是化学、什么是元素、什么是分子、什么是离子、什么是晶体、什么是化学反应、化学与物理的区别和联系等知识，都讲得很透，并且初步介绍了无机化学、有机化学、生物化学、材料化学、应用化学等分支学科。但是受目前应试教育所限，我们的化学知识，大多针对得分点来讲解。结果呢？很多朋友学完了三年甚至六年的化学课程，对什么是化学依然懵懂。我们可能得到了分数，但却丢掉了感情，丢掉了对化学这门学科的感情。

我们知道，化学的基础是物理，物理的基础是数学。数学、物理、化学，都非常实用，同时也非常优美。翻开这本书的每一位读者，无论你是在校的学生，还是有工作的成年人，无论你的职业是什么，无论你偏爱文科还是偏爱理科，其实都应该去领略化学之美。一个孩子懂得了化学，他眼中的世界会更加多彩；一个诗人懂得了化学，他笔下的世界会更加浪漫。

问题是，假如你对化学毫无兴趣可言，又怎能理解化学之美呢？我的建议是，尽快拿起这本书，从诱人的武侠故事开始，打开通往化学的一扇窗。那扇窗后面的科学世界，会比武侠故事更加诱人。

目录
contents

第一章

从剑阵看元素周期表

在武侠世界，一加一可能大于二。

最典型的例证，当推《萍踪侠影录》里的男一号张丹枫和女一号云蕾。张丹枫的战斗力大约是 80 分，云蕾战斗力大约为 60 分，两人并肩作战，战斗力却能高达 200 分——他们学会了一套"双剑合璧"的剑法，这套剑法分开使效果一般，双人合使，天下无敌。

在武侠世界，二加二也可能大于四。

看过《倚天屠龙记》的朋友可能还记得，昆仑派有一套两仪剑法，华山派有一套反两仪刀法，两套剑法一正一反，配合得天衣无缝，犹如一个人一生寂寞，突然遇到了红尘知己。遥想当年，光明顶上，昆仑派的何太冲与班淑娴合斗张无忌，华山派的高老者和矮老者从旁相助，本来四个人加起来也不是张无忌的对手，可是他们的两仪剑法与反两仪刀法相辅相成，杀伤力陡然飙升，居然将张无忌斗了个手忙脚乱。

在武侠世界，四加四还可能大于八。

新派武侠小说家温瑞安写过一本《一怒拔剑》，书中塑造了八个使刀的高手，并称"八大刀王"。武功天下第一的方巨侠曾经说过，八大刀王如果组成刀阵，恐怕连他老人家都不是对手。八大刀王曾经围攻少年奇侠王小石，遭到惨败，不过那并不表明方巨侠高估了八大刀王的战斗力，只是因为他们进攻太仓促，没有来得及组成刀阵，所以才被王小石逐个击破。

是的，有阵和没阵，效果绝对是不一样的。两千年前的古希腊步兵组成方阵，以少可以胜多；四百年前的抗倭武装戚家军组成方阵，以弱可以胜强；《射雕英雄传》里的大侠郭靖学会《武穆遗书》，教不懂战阵的蒙古兵演练各种阵法，从而百战百胜，立下赫赫战功。

既然阵法如此成功，那就让我们从阵法入手，聊聊化学的知识吧。

两种轻功，两个模型

我们都知道，世间万物由原子组成，原子又由质子、中子和电子组成。

质子和中子在中心，紧压成坚固的原子核；电子在四周，绕着原子核运动。

问题在于，电子是怎么绕着原子核运动的呢？

1911 年，英国物理学家卢瑟福经过实验与计算，提出了一个原子结构模型：电子就像太阳系里的行星一样，分别按着不同的轨道绕着原子核做圆周运动。电子的能量有高有低，低能量的电子在距离原子核较近的低轨道上转，高能量的电子在距离原子核较远的高轨道上转，尽管它们的转速不同，但旋转运动永不停息。

民国侠义小说《雍正剑侠图》的主人公名叫童林童海川，早年上山学艺，苦练一种转大树的轻功，每天绕着一棵大树飞速奔跑，最后竟然在大树四周踩出一道圆圆的深沟。如果我们把大树比作原子核，那么童林就是在卢瑟福原子模型中绕核旋转的一个电子，而被童林踩出的那道深沟，就是电子的运行轨道。

世上的原子有很多种，不同的原子拥有不同数量的电子，例如氢原子有一个电子，氦原子有两个电子，锂原子有三个电子，铍原子有四个电子……童林只是一个人绕树旋转，如果将他和大树看作一个模型，那他就是结构最简单的氢原子模型。

但原子很小，电子更小，一个电子的质量只有 9.1×10^{-31} 千克，大约要把 1000000000000000000000000000 个电子加在一块儿，才比得上一颗花生米的重量，而至少 80000 颗花生米加在一块儿的重量，才比得上童林那种膀大腰圆的车轴汉子。所以说，将童林比作电子，将转大树比作电子的绕核运动，又有些不科学。

之所以说上述比方不科学，又不完全是因为以大比小，还因为一个东西小到了一定程度以后，我们就不能再从宏观角度来理解它了，它会表现出令人惊讶的"量子效应"。

量子效应发生在电子、中子、质子、原子、离子乃至分子级别的微观世界，最奇特的表现是"不连续"。打个比方说，您将一把飞刀射向我，另一人用高速摄像机来拍摄这一过程，只见飞刀在空中画过一道完美的曲线，最后"噗"一声扎在我身上。可是如果这件事发生在微观世界，你、我、飞刀，同时缩小 1000000000000000000000000000 倍，奇迹就出现了：您射出的飞刀会在空中断断续续地运动，上个时刻在甲处，这个时刻在乙处，下个时刻在丙处，如此这般分段闪现，最后很可能没有射到我身上，却突然从我身后冒出来了。我并没有躲闪，也没有运用内力将飞刀弹开，这把飞刀就是没有穿过我的身体，它只是分段闪现，碰巧没有经过我而已。

卢瑟福没有考虑到量子效应，他将微观世界的电子运动描述成宏观世界的连续运动，所以他的原子模型不够完美。到了 1926 年，另一位物理学家薛定谔提出了电子云模型：电子同样绕着原子核运动，但是并不存在圆形轨道或者椭圆轨道之类的运动轨迹，电子们永不停息，以上千米每秒的惊人速度出现在原子核外的微小空间，这一刻在甲处，下一刻在乙处，你完全无法预测下下一刻它会出现在哪里，只能从大量统计中得出近似规律。

为了便于理解，我们可以再从武侠世界里寻找适当的比喻。

《天龙八部》第六回，段誉用学会不久的绝顶轻功"凌波微步"来躲闪南海鳄神的攻击，原文描写如下。

段正淳见儿子的步法巧妙异常，实是瞧不出其中的诀窍，低声在他耳边道："你别伸手打他，只乘机拿他穴道。"段誉低声道："儿子害怕起来了，只怕不成。"段正淳低声道："不用怕，我在旁边照料便是。"

段誉得父亲撑腰，胆气为之一壮，从段正淳背后转身出来，说道："你三招打不倒我，便应拜我为师了。"南海鳄神大吼一声，发掌向他击去。

段誉向东北角踏了一步，轻轻易易地便即避开，喀喇一声，南海鳄神这掌击烂了一张茶几。段誉凝神一志，口中轻轻念道："观我生，进退。艮其背，不获其人；行其庭，不见其人。鼎耳革，其行塞。剥，不利有攸往。羝羊触藩，不能退，不能遂。"竟是不看南海鳄神的掌势来路，自管自地左上右下，斜进直退。南海鳄神双掌越出越快，劲力越来越强，花厅中砰嘭、喀喇、呛啷、乒乓之声不绝，椅子、桌子、茶壶、茶杯纷纷随着他掌力而坏，但始终打不到段誉身上。

转眼间三十余招已过，保定帝和镇南王兄弟早瞧出段誉脚步虚浮，确然不会半点武功，只是不知他如何得了高人传授，学会一套神奇之极的步法，踏着伏羲六十四卦的方位，每一步都是匪夷所思。他倘若真和南海鳄神对敌，只一招便已毙于敌人掌底，但他只管自己走自己的，南海鳄神掌力虽强，始终打他不着。

上述打斗场面正是薛定谔电子云模型在宏观世界的完美再现：段誉作为一个电子，围绕南海鳄神这个原子核做无规则运动，他的足迹不可预测，不过总是出现在南海鳄神的附近，既不会太远，也不会太近。南海鳄神打不到他，否则早就要了他的小命；他自己也不会远离，否则就有逃跑的嫌疑。在旁观战的保定帝和段正淳等人如果能拍照片，将段誉每次出现的位置都记录下来，然后将所有照片叠加起来，他们很可能发现，段誉的运动其实有规律可循，其瞬间位置几乎总是排列在一条不大不小的圆形轨道上，整体上表现出绕核旋转的趋势。

五行阵，八卦阵，电子层

刚才我们用童林的轻功来演绎卢瑟福原子模型，用段誉的轻功来演绎薛定谔电子云模型，模拟的都是单电子结构。换句话说，仅仅模拟了原子核外只有一个电子的情形。

如果原子核外有多个电子呢？恐怕必须祭出阵法来了。

《碧血剑》第七回，温氏五老围攻袁承志，同时使出了五行阵与八卦阵两套阵法。

只听得袁承志道："老爷子们既然诚心赐教，怎么又留一手，使晚辈学不到全套？"

温方达一怔道："什么全套不全套？"袁承志道："各位除了五行阵外，还有一个辅佐的八卦阵，何不一起摆了出来，让晚辈开开眼界？"温方义喝道："这是你自己说的，可教你死而无怨。"转头对温南扬道："你们来吧！"

温南扬手一挥，带了十五人一齐纵出。温南扬一声吆喝，十六人便发足绕着五老奔跑，左旋右转，穿梭来去。这十六人有的是温家子侄，有的是五老的外姓徒弟。都是石梁派二代的好手，特地挑选出来练熟了这八卦阵的。

黄真见了这般情势，饶是见多识广，也不禁骇然，心道："袁师弟实在少不更事，给自己多添难题。单和五老相斗，当真遇险之时，我还可冲入相救，现下外围又有十六人挡住，所有空隙全被填得密密实实，只怕雀鸟也飞不进去了。自己明明本钱短缺，怎地生意却越做越大？头寸转不过来，岂不糟糕？"

袁承志艺高人胆大，独自一人站在阵法的中心，可比一个质量较大的原子核。温氏五老围着袁承志，不断变换步法，可以当成原子核外比较靠内的电子。五老的二代弟子又围在最外层，左旋右转，穿梭来去，仿佛在更高级别的轨道上做无规则运动，自然属于原子核外比较靠外的电子。

当然，真正的原子结构不可能是这样的。

高中化学课上讲过，核外电子超过两个时，肯定会分成两个以上的层级，这一点没有错。但内层电子最多只能排布两个，温氏五老却排布了 5 个；第二层电子最多只能排布 8 个，温氏五老的二代弟子却排布了 16 个。

当时袁承志在阵法中心静观其变，一眼就看穿了温氏五老五行阵以及外层弟子八卦阵的罩门："敌人若是破不了五行阵，何必再加一个八卦阵？若是破了五行阵，八卦阵自碍手脚。温氏五老的天资见识和金蛇郎君果然差得甚远。看来这五行阵也是上代传下来的，谅五老自己也创不出来。他们自行增添一个阵势，反成累赘。金蛇郎君当年若知温氏五老日后有此画蛇添足之举，许多苦心的筹谋反可省去了。"

假如温氏五老学过高中化学，或许会重新布阵。他们兄弟 5 人，再加徒弟 16 人，不是共有 21 个人吗？这里，就当他们是 21 个电子。

按照核外电子的排布规律，温氏五老及其弟子们应该这样布阵：

第一层（最靠近袁承志的那一层）安排 2 个人；

第二层安排 8 个人；

第三层安排 9 个人；

第四层安排 2 个人。

这个阵法遵循的是玻尔原子模型、泡利不相容原理和能量最低原理，跟武功高低没有关系，且未必能将袁承志打倒，但一准会让袁承志瞠目结舌，完全看不出门道——毕竟他没有学过高中化学。

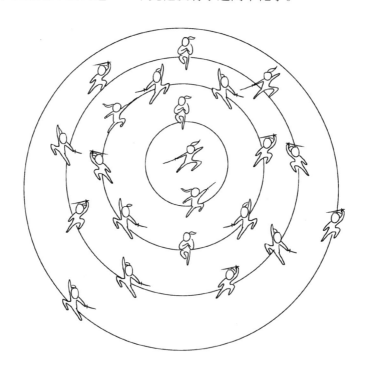

外层电子决定成败

说到高中化学，自然要说到元素周期表。初中化学也有元素周期表，可是没有高中化学讲得那么透，那么深刻。

您可以拿出一本高中版的化学教材，再瞄一眼附录后面的元素周期表。

这张表共有 7 个横行（周期），18 个纵列（族），是一张有缺口的表格，每个格子里都填有一种化学元素，加起来总共百余种元素。第 7 行最后有 6 个空格，只有编号，没有元素名称，说明制定这张元素周期表的时候，还有 6 种元素没被发现。

笔者手头的高中化学教材是人民教育出版社出版的，2017 年 6 月份印刷，可惜书后附录的元素周期表却仍旧是 2006 年的版本，有十来年没更新了。其实科学家们一直在发现新的元素。更准确地说，一直在"制造"新的元素。

从 2006 年到 2017 年，又有 6 种新元素横空出世，它们分别是 113 号元素鉨、114 号元素铁、115 号元素镆、116 号元素铊、117 号元素础、118 号元素鿫。到现在为止，化学元素周期表第七行的空格终于被填满，不过未来肯定还会有更新的元素添加进来。

我们知道，化学元素是构成世间所有物质的最基本单位，这些最基本单位其实就是原子，根据原子核内的质子数量进行排序的原子。质子的不同决定了元素的不同，质子的数量决定了元素在元素周期表上的编号。

举例来说，氢的原子核里只有 1 个质子，所以它排在元素周期表的第一位；氦的原子核里有 2 个质子，所以排在元素周期表的第二位。依次往下，锂有 3 个质子，排在第三位；铍有 4 个质子，排在第四位；硼有 5 个质子，排在第五位；碳有 6 个质子，排在第六位；氮有 7 个质子，排在第七位；氧有 8 个质子，排在第八位……

质子在原子核里，带正电。电子在原子核外，带负电。当原子不受外界作用时，我们就说它处于基态。一个处于基态的原子，质子的数量必然等于电子的数量，它的原子核里有多少个质子，原子核外就会有多少个电子。所以当原子处于基态时，我们能得出这样的等式：元素周期表的编号等于该元素的质子数，该元素的质子数又等于核外电子数。

核外电子的排布遵循泡利不相容原理和能量最低原理，多个电子会排布在多个层级，第一层最多有 2 个电子，第二层最多有 8 个电子，第三层最多有 18 个电子，第四层最多有 32 个电子……而不管有多少层电子，最外层电子永远不能超过 8 个。

另外我们还学过一条规律：如果某个元素只有一层电子，只有当电子数达到 2 时，它的化学性质才是稳定的。如果某个元素具有两层或者两层以上的电子，只有当最外层电子数达到 8 时，它的化学性质才是稳定的。

所以说，外层电子的数量决定着每一个元素的化学性质。外层电子数相同的元素，化学性质通常也很相似。比如锂、钠、钾、铷、铯、钫这六种元素，虽然质子数不同、电子数不同，但外层电子都是 1 个，特别容易失去，所以都是化学性质极不稳定的元素，非常活泼，容易跟其他元素发生反应。而氖、氩、氪、氙、氡这五种元素，外层电子都是 8 个，完全饱和，它们是世界上仅有的外层电子轨道被填满的元素，化学性质都非常稳定，几乎不跟任何元素发生反应。

仍然拿温氏五老围攻袁承志时的阵法打比方，如果他们的阵法是一个原子，并且希望成为一种性质稳定、易守难攻的元素，那就应该主动减去几个人，把阵法排成这个样子：

第一层：温氏五老的其中 2 人；

第二层：温氏五老的另外 3 人，再加 5 个弟子；

第三层：8 个弟子。

这个阵法用了 18 个电子（人），相当于元素周期表上的第 18 号元素：氩。

或者也可以这样排列：

第一层：温氏五老的其中 2 人；

第二层：温氏五老的另外 3 人，再加 5 个弟子。

这个阵法用了 10 个电子（人），相当于元素周期表上的第 10 号元素：氖。

甚至还可以继续精兵减将，只保留一层电子，让温氏五老的其中 2 人困住袁承志即可。

这个阵法最简单，仅有两个电子（人），但是一样符合核外电子的排布规律，并且满足原子结构的稳定要求——当核外电子只有一层时，两个电子就是最稳定的原子结构。查元素周期表，仅有两个电子的元素是第 2 号元素：氦。

氦、氖、氩，同属惰性气体，很难燃烧，很难反应，很难被破坏。袁承志想破阵，难于登天。

我必须说明，所有这些都仅仅是比方，仅仅是为了说明微观世界的化学原理，硬将武侠世界拉扯了进来。真要打斗的话，人数肯定越多越好，温氏五老齐上阵都打不过袁承志，只留两个老家伙就更不行了。

郭靖破阵与氧化反应

众所周知，化学是研究化学反应的学问，化学反应的本质是旧化学键断裂和新化学键形成的过程。什么是化学键呢？我们可以把它当成原子与原子之间的一根橡皮筋。这个原子跟那个原子之所以能拴在一起，这些原子跟那些原子之所以能拴在一起，就是靠这根橡皮筋在牵引。那这根橡皮筋又是怎么形成的呢？毫无疑问，它是通过外层电子之间的相互作用形成的。

初中化学课讲过，最基本的化学反应可分两种，一种叫氧化反应，一种叫还原反应（这里不考虑非氧化还原反应）。何谓氧化反应？化合物得到氧。何谓还原反应？化合物失去氧。

到了高中化学课，氧化还原反应的概念被扩大了，也变得更加精确了：失去外层电子的反应是氧化反应，得到外层电子的反应是还原反应。

例如氧化铜跟氢反应，氧化铜失去氧，被还原成铜，属于还原反应；氢得到氧，被氧化成水，属于氧化反应。

再比如氯气跟钠反应，其中并没有氧元素参加，但是氯分子从两个钠原子那里各得一个电子，外层电子增加，属于还原反应；钠原子的外层电子被氯拿走，外层电子减少，属于氧化反应。

　　如果您听到这儿仍然一头雾水，我们不妨翻开《神雕侠侣》第三回，回顾一下郭靖大破全真派剑阵的精彩情节。

　　眼前是个极大的圆坪，四周群山环抱，山脚下有座大池，水波映月，银光闪闪。池前疏疏落落地站着百来个道人，都是黄冠灰袍，手执长剑，剑光闪烁耀眼。

　　郭靖定睛细看，原来群道每七人一组，布成了十四个天罡北斗阵。每七个北斗阵又布成一个大北斗阵。自天枢以至摇光，声势实是非同小可。两个大北斗阵一正一奇，相生相克，互为掎角。郭靖暗暗心惊："这北斗阵法从未听丘真人说起过，想必是这几年中新钻研出来的，比之重阳祖师所传，可又深了一层了。"

　　全真派道士 7 人一组，模仿北斗七星，布成 14 个小阵，总共要用 98 个人。假如这 98 个人同属一个原子核外的 98 个电子，他们会这样排列：

　　第一层：2 人；

　　第二层：8 人；

　　第三层：18 人；

　　第四层：32 人；

　　第五层：28 人；

　　第六层：8 人；

　　第七层：2 人。

　　上述电子阵列对应于元素周期表上第 98 号元素：锎。

锎的最外层电子只有两个，很容易失去，化学性质肯定十分活泼，从原子结构判断，它还有极强的放射性。最关键的是，这种元素在地球上含量极小，主要通过人工合成获得，存量极为稀少，保存极为困难，价格极为昂贵，据说是当今世界上最贵重的金属，每克要卖 10 亿美元。

不知道是不是因为 98 号元素太过罕见，全真道士搞不定，故而将这个超大阵列一分为二，搞成了两个北斗大阵，每个大阵各用 49 个人。

假如分开的两个大阵各为一个原子，那它们只能都是铟原子，排在元素周期表第 49 号，电子阵列如下：

第一层：2 人；

第二层：8 人；

第三层：18 人；

第四层：18 人；

第五层：3 人。

铟是银灰色的软金属，在地球上的含量也不多，不过总比 98 号元素锎便宜多了。

铟有 3 个外层电子，跟只有 1 个外层电子的碱金属和拥有 2 个外层电子的碱土金属相比，化学性质较为稳定，不易被氧化。不过判断一种元素能否被氧化，除了看它的电子层数和外层电子数，还要看它遇到的元素（或者化合物）的氧化能力到底有多强。铟遇到氧，只会缓慢氧化，在金属表面形成一层极薄的氧化膜。当它遇到氧化能力极强的元素和强烈氧化物，例如氟、氯、高锰酸钾、过硫酸盐、六氟化铂、二氟化氙的时候，外层电子马上被夺走，发生明显的氧化反应。

回过头来再说郭靖，他以一己之力单挑那两个天罡北斗大阵，赢得相当精彩。

众道见他身法突然加快，一条灰影在阵中有如星驰电闪，几乎看不清他的所在，不禁头晕目眩，攻势登时呆滞。长须道人叫道："大家小心了，莫要中了淫贼的诡计。"

郭靖大怒，心想："说来说去，总是叫我淫贼。这名声传到江湖之上，我今后如何做人？"又想："这阵法由他主持，只要打倒此人，就可设法破阵。"双掌一分，直向那长须道人奔去。哪知这阵法的奥妙之一，就是引敌攻击主帅，各小阵乘机东包西抄、南围北击，敌人便是落入了陷阱。郭靖只奔出七八步，立感情势不妙，身后压力骤增，两侧也是翻翻滚滚地攻了上来。

他待要转向右侧，正面两个小阵十四柄长剑同时刺到。这十四剑方位时刻拿捏得无不恰到好处，竟教他闪无可闪，避无可避。

郭靖身后险境，心下并不畏惧，却是怒气渐盛，心想："你们纵然误认我是什么妖人淫贼，出家人慈悲为怀，怎么招招下的都是杀手？难道非要了我的性命不可？又说什么'全真教不伤赤手空拳之人'？"倏地斜身蹿跃，右脚飞出，左手前探，将一名小道人踢了个筋斗，同时将他长剑夺了过来，眼见右腰七剑齐到，他左手挥了出去，八剑相交，喀喇一响，七柄剑每一剑都是从中断为两截，他手中长剑却是完好无恙。他所夺长剑本也与别剑无异，并非特别锐利的宝剑，只是他内劲运上了剑锋，使对手七剑一齐震断。

那七个道人惊得脸如土色，只一呆间，旁边两个北斗阵立时转上，挺剑相护。郭靖见这十四人各以左手扶住身旁道侣右肩，十四人的力气已联而为一，心想："且试一试我的功力到底如何？"长剑挥出，粘上了第十四名道人手中之剑。

那道人急向里夺，哪知手中长剑就似镶焊在铜鼎铁砧之中，竟是纹丝不动。其余十三人各运功劲，要合十四人之力将敌人的粘力化开。郭靖正要引各人合力，一觉手上夺力骤增，喝一声："小心了！"右臂振处，喀喇喇一阵响，犹如推倒了什么巨物，十二柄长剑尽皆断折，最后两柄却飞向半空。

十四名道人惊骇无已，急忙跃开。

你看，郭靖单枪匹马，先用空手入白刃功夫夺到一柄长剑，又以精深内功夺去十四个道士手里的长剑，功夫如此卓绝，堪比超强氧化剂。

楚留香破阵与还原反应

氧化反应的本质是夺走外层电子，还原反应的本质是得到外层电子。在每一个化学反应过程中，氧化与还原必然是同时进行的，一个物质的氧化必定伴随着另一个物质的还原，一个物质的还原必定伴随着另一个物质的氧化。所以呢，氧化反应与还原反应往往并称为"氧化还原反应"。

冶炼金属是很常见的氧化还原反应。

以铁为例，它是 26 号元素，26 个核外电子排成 2、8、14、2 的阵列，两个外层电子容易丢失，化学性质活泼，容易氧化，所以地壳里的铁基本上都是氧化铁。

把富含氧化铁的铁矿石弄碎，装入高炉，混入焦炭，吹入热风，高温冶炼。在高温环境下，焦炭中的 14 号元素碳与氧化铁中的 8 号元素氧发生反应，碳的两个外层电子被氧夺走，氧的 6 个外层电子被碳填满，双方化合，生成一氧化碳。因为氧化铁中的氧夺到了碳的电子，自己的外层电子满了，所以它很讲义气，把原先从铁那里夺走的电子又还了回去。铁被还原，与氧再见，于是得到金属铁。

　　说起来简单，做起来很难，如果没有高温环境，仅仅把氧化铁跟碳放在一起，氧绝对不会自动跟碳反应，更不会主动把电子还给铁。因为氧将铁氧化的时候，氧得到电子，成为带负电的阴离子；铁失去电子，成为带正电的阳离子。阴阳离子异性相吸，相互之间形成强大而稳固的电磁力，化学上称为"离子键"。键在这里的含义是纽带，是结合力，是牢牢固定在两个转轮上的皮带。如果没有外力，或者外力不够大，皮带绝对不会自己断开，氧和铁绝对不会自动分开。所以人们在炼铁的时候，要把炉温提升到千度以上，目的就是打破氧和铁之间的离子键，让氧去抢别的电子，把电子还给铁，使铁被还原。

　　武侠小说家古龙塑造过一个非常成功的艺术形象：侠盗楚留香。此人轻功卓绝，智慧超群，偷东西的本领天下无双，放在今天铁定被通缉。不过他有一次大破剑阵，手法绝妙，可以为我们刚才探讨的铁还原反应提供一个完美的注脚。

　　翻开古龙作品《铁血传奇》，楚留香去敌人李玉函家做客，被六名剑客困住。那六名剑客都是名震江湖的前辈高手，共同组成一个坚不可摧的剑阵。

　　剑光的流动有如紫虹闪电，剑式的变化更是瞬息万千，这其间根本就不容人有思索的机会。

　　每个人所有的精神，所有的力量，全都已贯注在手中的一柄剑上，每个人的心与剑都已合而为一。

　　那六柄长短不一，形式各异的剑，已化为一柄，六个人的精、气、神、力，也都已融为一体。

剑网已编织得更密，已渐渐开始收缩，楚留香就是这网中的鱼——他又一次落入网中。

这一次，他也已无路可走。

远远望去，只见剑气千幻，如十彩宝幢，森严的剑气使室内的温度骤然降低，忽然变为寒冬。

柳无眉的面也一直在变幻不停，直到现在，她才露出一丝微笑，因为她已看出楚留香是无论如何也冲不出这剑阵了。

这剑阵的威力实是无坚不摧，无懈可击。

楚留香如何逃生呢？他该如何破阵？办法是这样的：

就在此时，流动的剑气忽然凝练，满天剑气已凝练为六道飞虹，交错着向楚留香剪下。

剑阵的威力，已先将楚留香逼入死角。

这一剑刺出时，楚留香实已到了山穷水尽的时候，他无论用什么身法闪避，都难免要被刺穿胸膛。

普天之下，实已绝无一人能将这六柄剑全都躲开的。

突然间，只听"呛"一声龙吟。

然后，剑气飞虹竟全都奇迹般消失不见，李玉函和那五个黑衣老人的身子，竟像是忽然在空气中凝结住了。

柳无眉脸上的笑容也凝结住了。

她发现楚留香的身形已欺入了李玉函腋下，左掌按在李玉函的胸膛上，右手却捏住了他的手腕。

楚留香掌中的剑已不在，他竟以李玉函掌中的剑，架住了那清癯颀长的黑衣老人掌中的剑。

第二个枯瘦矮小的黑衣老人左右双手中，竟各握着一柄剑——楚留香的剑也不知怎地，竟到了这老人手里。

这剑阵的每一个变化，每一招出手，都经过极精密的计算，六柄剑配合得正是滴水不漏，天衣无缝。

光少了一柄剑，这剑阵便有了漏洞，甚至根本不能发动，若多了一柄剑，也成了多余的蛇足。

此刻，这剑阵中正已多了一柄剑，于是其余三柄剑的去势，就全都被这柄多余的剑所拦阻。

他们这一剑既已被拦阻，第二剑就再也不能发出，因为楚留香的手掌，已拍上了李玉函的要害。

为了李玉函的安全，他们连动都不能动。

原来在剑阵还没有发动的时候，楚留香先从旁观者手里夺了一柄剑。他一直倒握着这柄剑，靠绝世轻功左躲右闪，最后抓住一个机会，把剑塞到了围攻他的一名剑客的手里。那名剑客使惯了双剑，为了不想让楚留香认出自己，单手持剑，蒙面出场，楚留香突然把剑送进他手里，他习惯成自然，下意识地紧紧握住，结果让完美无缺的剑阵多了一个累赘。楚留香立即乘虚而入，破了这个剑阵。

　　我们可以把这个剑阵当成氧化铁的离子键，被困在剑阵中心的楚留香则是氧化铁中的氧。他先从碳（旁观者）那里夺到电子（剑），再把电子还给铁（剑客）。铁被还原，离子键被打破，他从离子键中逃出，全身而退，深藏功与名。

第二章

武侠世界的趣味金属

刀砍斧剁，枪扎剑刺，翻开每一本武侠小说，都听得见喊杀与呐喊，都碰得到刀光与剑影。是的，这就是武侠文学的特征，这就是武侠文学最吸引人的地方。

试想一下，江湖上如果没有打斗，那还叫江湖吗？没有打斗的江湖，就像《聊斋志异》失去狐狸，《封神榜》中丢了妲己，虽然从此去了几分骚味儿，但也因此少了几分刺激。

江湖离不开打斗，打斗离不开兵器，兵器离不开金属。古人所称十八般兵器，刀、枪、剑、戟、鞭、锏、锤、抓、斧、钺、钩、叉、戈、镋、棍、槊、矛、钯，除了棍，基本上全用金属制成。即使是棍，也有大量金属制品，例如《笑傲江湖》中桃谷六仙使的是短铁棍，《飞狐外传》中恶霸凤天南用的是黄金棍，还有《天龙八部》中段正淳的贴身护卫傅思归，出场时倒提一根熟铜棍。

化学周期表上，金属元素八十多种。日常生活中，常见金属不到十种。过去民间取名，兄弟五个常有按五种最常见金属排行的，爹娘给他们分别取名金×、银×、铜×、铁×、锡×。四大名捕的老大无情培养出的四个小跟班，分别叫做金剑童子、银剑童子、铁剑童子、铜剑童子，只是不知道他们四个用的武器是否也是金剑、银剑、铁剑、铜剑。

旧版《神雕侠侣》中，金轮法王号称"金轮"，实则使用五种金属铸造了五个轮子。哪五种金属？仍然是最常见的金、银、铜、铁、锡。与杨过和小龙女打斗时，他探手怀中，呛啷啷一阵响亮，空中飞着三只轮子，他双手再各握一只轮子。这金、银、铜、铁、锡五轮轻重不同，大小有异，他随接随掷，轮子出来时忽正忽歪，就像玩杂技一样，把杨过和小龙女晃得眼花缭乱。

这一章里，我们将探讨五种最常见金属其中的三种——金、银、锡，然后再介绍几种不太常见的金属。

黄金曾经很便宜

金银是贵重金属，自古皆然。

佛陀住世的时候，向弟子描述西方极乐世界，说极乐国土有"七宝池"，池底铺满金沙，池边的栏杆则用"七宝"砌成。哪七宝？黄金、白银、琉璃、水晶、砗磲、珍珠、玛瑙。

佛陀生活在两千多年以前，换句话说，至少在两千多年前，黄金和白银就已经是很贵重的物品了，不然也不会把它们列入"七宝"当中。

佛陀灭度后不久，弟子迦叶给人讲法，说修行者应该选择正见而舍弃邪见，选择正法而舍弃邪法，能做比丘，就不要做婆罗门，能做阿罗汉，就不要做凡夫俗子，就像一个商人只要能运走足够多的黄金，就不会费力去运白银一样。可见在两千多年前的古印度，黄金就比白银贵重。

同样的，在两千多年前的中国，黄金也是比白银贵重。汉朝史学家班固在《汉书·食货志》里提到过："黄金为上，白金为中，赤金为下。"意思就是说，黄金比白银（白金）贵重，白银又比铜（赤金）贵重。

金比银贵重，在今天是个妇孺皆知的常识，没什么稀奇。问题是，从大历史的眼光来看，黄金相对于白银的贵重程度，有一个从弱到强、从低到高的过程。

西汉时，"黄金一斤，值万钱……白金值三千。"（《汉书·食货志》）说明同等重量的黄金只比白银贵 3 倍多一点。到了唐朝末年，"金器二百两，合银器三千两。"（《十国春秋·吴越世家》）200 两黄金相当于 3000 两白银，说明黄金的价值已经是白银的 15 倍。北宋末年，"金每两三十二千，银每两二千五百。"（《靖康纪闻》）每两黄金能兑换 32000 文，而每两白银只能兑换 2500 百文，黄金仍然比白银贵十几倍。

清朝乾隆年间，"足色银易金，价常在二十倍上下。"（《常谈丛录》卷 6 ）说明黄金的价值涨到了白银的 20 倍左右。再看民国时期，"黄金四十八块大洋一两，白银一块四角一两。"（ 1923 年 5 月 31 日《时事公报》第二版《昨日本埠商情》）此时黄金价值是白银的 30 多倍。至于今天，黄金更加贵重，其市价已经是白银的四五十倍了。

物以稀为贵，黄金之所以越来越升值，是因为相对于白银来讲，它在市面上的流通量越来越小。关于这个现象，明末清初的思想家顾炎武很早以前就发现过。

顾炎武在《鹿鼎记》的开篇和末尾都曾登场，他老人家认为，因为有一批人为了跟佛"结缘"，为了消除"罪业"，为了给自己以及子孙万世带来无穷无尽的"福德"，不惜成本，用金粉抄写佛经，用黄金铸造佛像，消耗掉了数量惊人的黄金。仅以北魏一朝为例，北魏文成帝铸造释迦牟尼像一次就用掉黄金 25000 斤。北魏的"斤"很大，每斤折合现在 650 克，25000 斤相当于 16 吨还要多。

铸造佛像使得黄金流通量减少，这个解释是符合史实的，但顾炎武把板子全部打到这一个上面微显不公。

第一，黄金能铸成佛像，还能用来做装饰品，历代王侯的住宅，历代美女的衣饰，都离不开黄金。

第二，除了贵族和美女用于装饰，黄金还被每一个时代的守财奴藏到了地下，这些黄金有的经过战火，有的经过人祸，守财奴死了以后，其后代又不清楚藏金的地点，于是黄金就没有了出头之日，这也是大批黄金退出流通领域的一个重要原因。

到现在为止，我们已经谈到使黄金流通量减少的三个因素：铸造佛像、用于装饰、藏于地下。下面还要说到第四个因素：国际贸易。

在宋朝，黄金在中国比白银贵十几倍，而在同时期的西方世界，黄金要比白银贵 30 倍左右。也就是说，相对于白银来讲，黄金在中国很便宜，在国际上却很贵。因为这个缘故，来自东南亚的商人通过当时已经开放的广州、泉州等口岸，把白银源源不断地运送到中国，再换成黄金去欧洲买成商品。这些商人把黄金带到欧洲的同时，也把中国黄金比西方廉价的消息带给了西方人，进而成了西方人到东方世界寻找黄金的动力，然后就有了哥伦布航海以及发现新大陆。

到了明清时代，欧洲人的航海技术突飞猛进，他们绕过东南亚的中间商，直接来到中国进行贸易，把水晶、玻璃、时钟、望远镜输送给中国人，但最有利可图的贸易品还是白银——洋商把白银输入中国，换取黄金，可得巨大之利。

我们这个国家并不是主要的产银国，银子最初也不是古人生活中常用的流通货币，在秦朝以后和明朝以前，主要的流通货币一直是铜钱。不过因为海外的白银源源不断地输入进来，中国慢慢成为一个全球大银窖，从明朝中叶开始，白银终于取代铜钱，从最初流通不多的贵重金属沦落成民间交易的常用货币。乔峰跟段誉喝酒时用银子付账，虚竹行走江湖时随身携带几块碎银子，阿紫用五十两一锭的银锭赏赐下属，诸如此类的武侠故事其实不应该发生在宋朝，只可能发生在明朝或者明朝以后。

黄金造兵器靠谱吗

明朝中叶以后，中国成为银本位的国度，直到 20 世纪 30 年代民国政府取消银本位，白银当了将近五百年的基准货币。可是黄金呢？自始至终都没能成为基准货币。欧洲和美国都搞过金本位，中国没有。

黄金在古代中国的用途，不是流通，而是制造饰品、铸造佛像，或者作为财富象征收藏起来，或者作为贵重礼物赠送别人。而在武侠世界中，还有人将其制成兵器。

古龙《剑客行》中有一位茹老镖头，使一把纯金打造的紫背鱼鳞刀。

古龙《剑毒梅香》中有一对来自蜀中唐门的小姐妹，各使一条软金鞭，那是唐门的独门兵器，通体用纯金所制，可柔可刚。

古龙另一部作品《欢乐英雄》借武林人物燕七之口，提到一位金大帅的金兵器。

燕七道："金大帅跟他一样，也是个怪人，用的兵器也很奇怪。"

郭大路道："他用什么兵器？"

燕七道："他只用金子做的兵器，而且是纯金做的。"

郭大路眨了眨眼，好像已有点明白他的意思了。

燕七道："他最善用的兵器，就是金弓神弹，弹发连环，一上手就是三七二十一颗，江湖中还很少有人能躲得开。"

郭大路道："弹子也是金的？"

燕七道："纯金。"

郭大路道："你想要我去跟他动手，接住他那些金弹，拿回来还账？"

燕七笑道："据说他的金弹子每颗至少有好几两重，而且一发就是二十一颗，你只要能接住他三四发，就不必再看那些债主的脸色了。"

温瑞安"白衣方振眉"系列之《落日大旗》里有一个用算盘当武器的高手，他的算盘也是纯金打造。

三十二招一过，信无二立时反攻，算盘快得连声音也没有了，只有金光闪动。

锡无后突然身退，有几绺头发散披了下来，呼吸急速。

这边的金太子目光有一丝的嘉许，淡淡地道："不错。"

夏侯烈沉静地向着完颜浊说道："你去。"

完颜浊躬身道："是。"

直挺挺地一跳，已穿插在锡、信二人之间，一探手，抓向信无二。

信无二算盘反拍完颜浊脉门！

完颜浊一反手，已抓住金算盘，用力一扯！

信无二见对方一招即抓住自己的武器，不敢大意，一吸真气，力抓不放！

完颜浊一把手抢了算盘，顶上白烟直冒，运功抢夺算盘。

两人一齐运力，双足深陷地中，互相凝视，都抢不过来。算盘是纯金打的，居然被拉得渐渐变长。

还有我们更加熟悉的大侠郭靖，他刚出道时，随身携带两把兵器，一把是长春真人丘处机赠送的匕首，另一把是成吉思汗赠送的金刀。

黄金的化学性质非常稳定，不易氧化，不跟普通的酸和碱发生反应，而且密度很大，同等体积下比铁重一倍还要多。用黄金做兵器，首先是不会生锈，其次因为它密度大，惯性自然也大，同样是花生米大小的两颗弹丸，一颗金弹，一颗铁弹，以同样快的初始速度发射出去，肯定是金弹造成的杀伤力更强。

但是黄金太软了，越是纯金就越软，含金量95%以上的金块，用一枚大头针就能划出伤痕，放进嘴里使劲咬，能在上面咬出浅浅的牙印儿。试想一下，硬度这么小的金属，如果做成子弹，还没从枪腔里飞出来就变形了；如果做成刀剑，对手用铁铸的盾牌一挡，它就得卷刃或变弯。所以郭靖的那把金刀并非纯金打造，只是在刀柄那里镶了一个用黄金打造的虎头，刀身仍然是钢铁。《笑傲江湖》中林平之外祖父金刀王元霸的所谓"金刀"，恐怕也是刀柄或刀鞘用金，刀身最多镀金，不会是纯金。

历史上倒有人用纯金造过兵器。三千多年前，埃及第十八王朝的法老图坦卡蒙有一把金剑，剑身、剑柄、剑鞘都是高纯度黄金。比图坦卡蒙稍早的时代，另一位埃及法老卡摩斯的弟弟雅赫摩斯一世有一把金剑，剑身和剑鞘用黄金，剑柄用青铜。据说在两千多年前，我国东汉时期的第三位皇帝汉章帝也有一把金剑，被他扔进了伊河，因为他造这把剑并不是为了杀敌，只是要用它来镇住河里的妖怪。照常理推想，那两个埃及法老的金剑应该也不是为实战而造，而是另有目的，譬如辟邪、收藏、彰显格调，或者纯粹就是喜欢显摆。

说起显摆，丐帮老帮主洪七公遇到过这样的人。《射雕英雄传》第十二回，洪七公吃完黄蓉烘烤的叫花鸡，从怀里摸出几枚金镖来，说道："昨儿见到有几个人打架，其中有一个可阔气得紧，放的镖儿居然金光闪闪。老叫花顺手牵镖，就给他牵了过来。这枚金镖里面是破铜烂铁，镖外撑场面，镀的倒是真金。娃娃，你拿去玩儿，没钱使之时，倒也可换得七钱八钱银子。"飞镖讲究的是坚硬、锋利、比强度大（强度与重量的比值大），论杀伤力，纯金做的镖远远不如破铜烂铁做的。武林人士倘若用纯金做镖，那一定是土豪；倘若在钢镖外面镀金，那一定是冒充土豪。

真土豪也好，假土豪也罢，纯金的兵器也好，镀金的兵器也罢，凡是用黄金给自己做兵器的，肯定都有炫耀倾向。换句话说，就是瞎显摆。

按金庸《鹿鼎记》的故事情节，顺治皇帝跑到五台山出家，贴身护卫法号行颠，手提一根黄金大杵，也就是特别粗特别长的金棍。将黄金造成棍子，硬度肯定超过木棍，密度肯定超过铁棍，由于黄金良好的韧性，即使遇到极其刚猛的对手，也不能将其折断。不过这种金棍就跟金刀金剑一样，最大的缺点是受力后很容易弯。

爱看《西游记》的小朋友可能会提不同意见：孙悟空的金箍棒不就是金的吗？怎么没见它被妖魔鬼怪弄弯过啊？实际上，金箍棒仅仅是两头套了金箍，棒身是铁，铁比金硬多了。

既然金元素不适合做兵器，那它适合做毒药吗？《红楼梦》第六十九回，王熙凤借刀杀人，逼尤二姐吞金自杀，看来黄金好像是可以把人毒死的。实际上呢，因为金元素的化学性质十分稳定，不溶于胃液，不溶于血液，不被人体吸收，吃进去多少，拉出来多少，完全没有毒副作用。吞金之所以杀人，通常是因为金块太大，形状太不光滑（例如金元宝就是有棱有角有两个尖儿的小船造型），硬吞到肚子里，会戳破胃壁，堵塞肠道，让人在剧烈痛苦中缓慢死去。也就是说，如果有人吞纯金而致死，那他（她）绝对不是被毒死的，而是被金块戳出了严重的内伤。

纯金延展性极好，手工锤打，永远不断，能锤成万分之一毫米厚的薄片，俗称"金箔"。《天龙八部》第十回，吐蕃国师鸠摩智给天龙寺高僧写信，信封用黄金打成，用白金嵌出文字。这种信封看上去金光灿烂，无比华贵，实则用料不多，几十块钱的黄金就能打出几十平方米的金箔。

将金箔剪碎，撒到酒里，即成"金箔酒"，安全无毒，尽管放心饮用。《元史》中有一位文官张立道，跟朋友结盟杀奸臣，十三个盟友为了起誓，"刺臂血和金屑饮之"，每人胳膊上扎一刀，流半碗血，掺上细碎的金箔喝下去，无人中毒。《清史稿》里有一位武将石家铭，忠于满清政府，跟闹革命的新军干仗，打不赢，要以身殉国，"和金屑服之"，喝了一杯金箔酒，以为会中毒，哪知道没事儿，只好让部下点一堆烈火，跳到火堆里自焚。

史书上也有喝金箔酒中毒身亡的反例：三国时期，魏明帝杀公孙晃，"赍金屑饮晃及其妻子"，用金屑泡酒给公孙晃一家灌下去，居然毒死了公孙晃全家。晋朝时司马伦除掉专权皇后贾南风，"赍金屑酒赐贾后"，结果贾南风"死于金墉城"。我们用化学知识可以推断，公孙晃和贾南风绝非金中毒，他们喝下去的"金屑"纯度可能太低，除了含金，还含有炼金过程中产生的有毒矿物。而现在的炼金工艺非常先进，金箔的纯度极高，厚度极小，边缘极光滑，国家已经发文许可，准许作为食品添加剂使用。

　　身为资深酒鬼，笔者买过金箔酒，也亲自动手调制过金箔酒。坦白说，掺了金箔的酒并不比别的酒好喝，但相当好玩：细碎的金箔在透明的酒液里载沉载浮，上下飞舞，经灯光一照，流光溢彩，赏心悦目。倒半斤金箔酒喝下去，第二天能在马桶里瞧见几十片闪闪发光的小玩意儿，简直不忍心冲水。

银针试毒的化学原理

就像黄金一样，白银的硬度也很低，也不适合造兵器。

另外，银的化学性质比金活泼得多，放在空气中会被氧化，不易跟碱反应，但易溶于一部分强酸。如果用纯银打造一把刀，它不但容易卷刃，还会慢慢变黑。你把这把银刀悬挂到潮湿的房间里，不加保养，它会缓慢朽坏，在并不漫长的岁月里变成一件一碰就碎的废品。

所以说，金不适合造兵器，银更不适合造兵器。

武侠世界用到银的地方，主要是宴席上：不怀好意的对手摆下鸿门宴，请你赴席，你怕他下毒，事先取出一根亮闪闪的银针，将席上酒菜挨个插一遍，看看银针有没有变黑。针不变色，说明没事儿。万一变黑，双方开打。

让我们从温瑞安作品中选摘几个这样的案例。

《跃马长江》第十回。

萧秋水、唐方、左丘超然、邓玉函四人走进了甲秀楼，叫过了菜，菜送上来的时候，萧秋水就要起筷，然而唐方却阻止了他，做了一件事。

就是摘取发上的银针，在每道菜里沾了一沾。

唐方的发上饰有银针金钗。金钗可以作暗器，银针则探毒。

菜里没有毒。

萧秋水道："唐姑娘真是心细如发，三才剑客既截击我于桂湖，这一路上去桂林，绝不可能平静无波的，真的还是小心点儿好。"

《谈亭会》第一章：

蓝元山是伏犀镇镇主，比周白宇年长十岁，极少与人交手，但传说中此人内功已高到不可思议的境界，曾经以宏厚掌力享誉为"内家第一君"的陶千云，故意用语言相激，逼得蓝元山出手和他对了三掌，而陶千云从此一病三年，那是因为他竭尽全力才能化解这三掌潜入体里的内劲，以致他肾亏血耗，几乎断送了一条性命！

而传闻里蓝元山为人审慎，也到了令人咋舌的地步，不但食用前俱以银针试毒，而且吃后能将咽下多少粒米饭的数字都能确悉无误，这种态度用在办事上，使得伏犀镇虽非一夜成名，但事业蒸蒸日上，从穷乡僻壤之地，渐渐可与最有钱财势力的东堡——撼天堡不相上下。

《大阵仗》第二章：

张大树道："我再见到郭头儿的时候……他……他已经是一具死尸了。"

铁手心知这张大树愚鲁正直，便问："那么，平常郭头儿还会跟什么人一起饮食？"

"你想从郭头儿中毒的事去追查下毒的人是不是？"张大树这下可精警得很，"没有用的，郭头儿身在公门，常跟不同的人物吃吃喝喝，不过，郭头儿常在未饮食之前手心暗捏银针试毒，格老子的，我就常劝他别提心吊胆的，却没想到他那么精细的人还是中了毒。"

以上三个案例表明，银针有时候真的能化验出有毒没毒，有时候则不起作用，否则《大阵仗》里的捕头郭伤熊不会中毒而死。

什么情况下能验出有毒呢？当银针碰到硫的时候。

硫是非金属元素，有六个外层电子，可以跟银化合，生成灰黑色的硫化银。

江湖宵小用来害人的剧毒物质一般是砒霜，也就是三氧化二砷。这种化合物本来并不含硫，但是因为古人工艺落后，制造的砒霜不纯，含有多种杂质，包括硫。银针遇到砒霜杂质中的硫，化合出硫化银，故此变黑。

假如人家使用的砒霜纯度很高，根本不含硫，或者使用其他种类的毒药，那么银针是试不出来的。郭伤熊捕头警惕性那么高，每次就餐都用银针试毒，最后仍然被毒死，大概因为敌人使用的毒药并非砒霜，也非有毒硫化物。

《大阵仗》后文，毒死郭伤熊的那种毒药再次出现。

却在这时，"哄"的一声，锅子里陡炸起火焰三尺，锅底也发出奇异的嗞嗞声响，一股焦辣剧烈的味道刺鼻而至！

怎么会这样？

习玫红只不过是在锅里撒下一把盐而已！

习玫红拉着小珍退开，只见锅里火冒五尺高，烈焰作青蓝，火光映掩里，两人心里纳闷：怎么会这样？

习玫红拉着小珍，往后一直退：生怕给火焰炙及，却倒撞在一个人身上。习玫红尖叫一声，惹得小珍吃了一惊，也叫了一声。

习玫红回头看去，见是郭竹瘦，才定下心，跺足啐道："你躲在我们后面干吗？真吓死人了！"

郭竹瘦没有作声。习玫红指着那锅头道："奇怪？怎么无端端炸起了火？"这时火焰已渐黯淡下去了。

小珍蹙着秀眉道："那是盐吗？"她过去把那包给习玫红翻挖出来的"盐"拿在手里，很仔细的看着。

郭竹瘦忽道："给我！"

习玫红诧问："给你什么？"

郭竹瘦忽然伸手，把小珍手中的"盐包"抢了过去，小心翼翼的藏在怀里。

习玫红又好气又好笑："你干什么？那是什么？"

郭竹瘦吃力地道："盐……"

习玫红笑啐道："当然是盐，奇怪，火焰烧出来青青绿绿的，放下去一会儿才见古怪，可也稀奇！待会儿铁手冷血回来找，找他们问去。"

郭竹瘦大汗渗渗而下。

郭竹瘦是郭伤熊的侄子，就是他毒死了自己的叔父，现在又想用同样的毒药毒死冷血的准女友习玫红和铁手的准女友小珍。他用的毒药看起来像盐，往锅里一撒，居然炸出三尺高的火焰，同时散发出刺鼻的气味。

这究竟是什么毒药呢？应该是氰化钾。

氰化钾，剧毒化合物，白色颗粒，化学性质活泼，遇水释放出有刺鼻气味的氰化氢，同时氰化氢在高温和高密度条件下有可能产生爆炸。

习玫红没做过饭，毛手毛脚地往锅里撒入氰化钾——她以为是盐。锅里有水，于是释放出氰化氢。锅底很热，于是氰化氢炸出火焰。我们根据故事情节如此推断，应该是行得通的。

像氰化钾这种毒药，并不跟纯银反应，所以郭伤熊的银针试不出来。

除了银针试毒，武侠作品中也有拿银针当暗器的例子，但是就像我们前面探讨过的那样，银很软，刚性差，杀伤力必然不如钢针。我们有理由怀疑，那些喜欢用漫天花雨手法撒出银针的暗器名家，用的恐怕不是真正的银针，仅仅是银白色的钢针而已。

会哭的金属

还有一种常见金属比银还软，它就是锡。

银是白色的，锡也是白色的。区分它们的简易方法，一是看光泽，银白中带灰，锡白里透蓝；二是看熔点，银相对来说不易熔化，锡用打火机就能烧熔；三是看硬度，因为锡比银软，两条同样粗细的白色金属放在你手里，哪个更容易掰弯，哪个就是锡。

可能因为锡太软了，也可能因为它太便宜了，既不能当货币，又不宜造兵器，佩戴在身上又不上档次，故此武侠世界中不经常冒出锡的身影。

《鹿鼎记》第二十四回，韦小宝当小太监时，在宫里的住处有锡制品。

他快步回到自己住处，生怕太后已派人守候，绕到屋后听了良久，确知屋子内外无人，这才推开窗子爬了进去。其时月光斜照，见桌上果然放着一根银钗。这银钗手工甚粗，最多值得一二钱银子，心想："刘一舟这穷小子，送这等寒蠢的礼物给方姑娘。"在银钗上吐了口唾沫，放入衣袋，从锡罐、竹篮、抽屉、床上搁板等处胡乱打些糕饼点心，塞在纸盒里，揣入怀中。

这段话里跟锡有关的就"锡罐"两个字，不留心根本瞧不见。

由于锡的硬度低，用简易的工具敲敲打打，就能造出趁手并且廉价的容器，所以过去穷人家里常用锡器。记得我祖父活着的时候，经常用一把小小的锡壶温酒喝，那是农耕时代遗留下来的常见锡制品，现在差不多快绝迹了。

锡容易氧化，自然界中很少有纯净的金属锡，倒是锡的氧化物二氧化锡特别常见。二氧化锡即锡矿石，它比铁矿石容易还原得多，将一块锡矿石放在木炭上烧，木炭就能把金属锡从二氧化锡中还原出来。

冶炼锡的技术门槛很低，所以人类用锡的历史很久。距今五千年前，埃及、印度和如今伊拉克境内的先民就学会开采和利用锡了。锡太软，不适合造兵器，但是先民们发现它跟铜的合金却比较硬，于是就发明了青铜器。

青铜是铜锡合金以及铜锡铅合金，熔点低，硬度大，易冶炼，易锻造，无论做兵器还是做容器，都特别好用。我国还没进入铁器时代的时候，兵器基本上全用青铜来造，哪个诸侯国碰巧有铜矿和锡矿，那里必然能造出精良的兵器，在群雄争霸中占尽优势。

金庸短篇武侠《越女剑》里有这么一个情节。

文种道："薛先生，你自己虽不能铸剑，但指点剑匠，咱们也能铸成千口万口利剑。"薛烛道："回禀文大夫：铸剑之铁，吴越均有，唯精铜在越，良锡在吴。"

范蠡道："伍子胥早已派兵守住锡山，不许百姓采锡，是不是？"

薛烛脸现惊异之色，道："范大夫，原来你早知道了。"

范蠡微笑道："我只是猜测而已，现下伍子胥已死，他的遗命吴人未必遵守。高价收购，要得良锡也是不难。"

越国想造出利剑对付吴国，可惜国内只产铜而不产锡，只能暗中向越国高价收购，因为没有锡的话，单凭铜是不能制造兵器的——纯铜的硬度仅为铜锡合金的五分之一，造出的兵器容易弯。

《天龙八部》中，段誉和乔峰初次相见，是在江苏无锡一家酒楼。此后乔峰初次与姑苏慕容的家臣包不同相斗，以及后来在杏子林外被人陷害，初次得知自己是契丹人后裔，这些情节都发生在无锡。据历史记载，无锡曾经盛产锡——无锡惠山的余脉叫做"锡山"，锡矿石储量丰富，春秋战国时被大量开采，与铜制成兵器。传说有樵夫上锡山砍柴，在一块巨石上看到十二个大字："有锡兵，天下争；无锡宁，天下清。"大意是此地出产锡矿，引起诸侯争战，如果锡矿没了，也就没有人来争夺了，天下就太平了。到了西汉初年，无锡的锡矿终于被开采殆尽，天下也真的太平了。

《射雕英雄传》第十五回，黄蓉对郭靖说，无锡泥人天下驰誉，虽是玩物，却制作精绝，当地土语叫作"大阿福"，她在桃花岛上就有好几个。假如这段情节发生在春秋战国，那么黄蓉在无锡买到的特产恐怕不是泥人，而是锡。

锡的柔韧性接近黄金，可以打成极薄的锡箔，用来包装食物，或者在烤箱中垫底。但这些并不有趣，锡最有趣的特性是会哭：当锡棒和锡板弯曲时，会发出一种特别的仿佛是哭泣声的爆裂声。这种奇特的声音是锡晶体之间发出的摩擦引起的。当晶体变形时，就会产生这样的摩擦声。奇怪的是，如果换用锡的合金，就不会发出这种哭声。因此，人们可以根据这一特性，来鉴别一块金属究竟是不是锡。

顺便说一下，元素周期表上排在锡前面的金属是铟，它比锡更软，弯曲时也能发出哭泣声。铟的颜色和光泽很像锡，为了避免搞混，你可以用指甲在上面掐一下，感觉更软的是铟，不太软的是锡。

锡还有一个有趣的性质：它与铜的合金，也就是青铜，受热会收缩，遇冷会膨胀，跟普通金属热胀冷缩的性质刚好相反。

正是因为铜锡合金具有热缩冷胀的性质，古人方可在青铜器上鼓捣出清晰的铭文。具体过程如下。

将青铜熔化，把熔液倒进提前准备好的模子里，模子内壁上密密麻麻排布着反刻的图案和文字，统统被青铜熔液填满。熔液冷却，器物成型，因为热缩冷胀的特性，成型时会把模具上图案和文字的凸凹处压得更紧，铸造出来的器物铭文会特别饱满。

《天龙八部》第三十三回，慕容复一行误闯三十六洞主与七十二岛主的秘密聚会，遇到一个用青铜鼎做兵器的老者。

慕容复奔到绿灯之下，只见邓百川和公冶乾站在一只青铜大鼎之旁，脸色凝重。铜鼎旁躺着一个老者，鼎中有一道烟气上升，细如一线，却其直如矢。王语嫣道："是川西碧磷洞桑土公一派。"邓百川点头道："姑娘果然渊博。"包不同回过身来，问道："你怎知道？这烧狼烟报讯之法，几千年前就有了，未必就只川西碧磷洞……"他几句话还没说完，公冶乾指着铜鼎的一足，示意要他观看。

包不同弯下腰来，晃火折一看，只见鼎足上铸着一个"桑"字，乃是几条小蛇、蜈蚣之形盘成，铜绿斑斓，宛是一件古物。

青铜鼎的鼎足最多不过巴掌大小，上面铭刻的文字和细小图案在夜间灯光下也能清晰可见，靠的就是青铜热缩冷胀的优势。设若桑土公用铜锡合金以外的金属来铸鼎，当时的工艺未必能让铭文如此清晰地显示出来。

《鹿鼎记》的主人公韦小宝曾经得到神龙教的五龙令，那是一条五色斑斓的小龙，用青铜、黄金、赤铜、白银、黑铁铸成，其实单用青铜就足够了。青铜器刚铸造好时是金黄色的，经过缓慢氧化，生成铜的各种盐类化合物，呈现出绿、蓝、黄等颜色，同样五彩斑斓，兼且古意盎然，无形中提升了神龙教的品位。

下面要说到锡的最后一个趣味性质——低温变性。

1912 年，英国探险家斯科特率领一支探险队去南极，出发时带了大量给养，包括液体燃料。但是这支队伍一去不复返，后来发现他们都冻死在南极了。带了那么多的燃料，为什么还无济于事呢？原来斯科特一行在南极点返回的路上发现，他们储藏库里的煤油不翼而飞。没有煤油就无法取暖，也无法煮饭，所以他们只能冻饿而死。科学家们经过反复研究，终于发现其中奥妙，原来这支探险队保存煤油的铁桶是用锡焊的，平常用着挺方便，到了南极的极端低温环境下，锡却变成了粉末，煤油自然漏光。

1867 年冬天，俄国彼得堡仓库发生了一件怪事：仓库里本来堆着很多锡砖，一夜之间全消失了，留下来的是一堆堆像泥土一样的灰色粉末。

仓库里还有一批军大衣，拿出来发给俄国士兵穿时，军大衣上那些锡制的纽扣竟然也不见了，再仔细看看，原来纽扣也变成了灰色粉末。

1812 年 5 月，拿破仑率领六十万大军远征俄罗斯，几个月后打到莫斯科，但是俄国沙皇使出"坚壁清野"之计（当年令狐冲率领群豪攻打少林寺时，嵩山派的左冷禅也用过同样的计策对付令狐冲），让远离补给的法国远征军陷入粮荒，不得不在寒冬时节退出俄国。就在撤退的途中，他们军服上的锡纽扣发生化学反应，统统成了粉末，因为扣不住衣服，挡不住严寒，超半数士兵被活活冻死。

锡为啥会在低温下变成粉末呢？因为低温改变了锡的晶体结构，使锡的体积急剧膨胀，将柔韧性极好的白锡变成异常松散的灰锡。这种反应不需要其他元素加入，只要气温低于零下 33 度，锡的晶体结构就会改变。

更加奇妙的是，只要一块白锡变成灰锡，跟它接触的锡也会被"传染"，一块接一块地变成灰锡，就跟得了瘟疫似的，故此得名"锡瘟"。

反磁金属

现在科学家们找到了预防锡瘟的法宝——往锡里掺些铋，铋原子中多余的电子能让锡原子的结晶变得稳固，不再从白锡变成灰锡。

纯铋呈银白色，硬度和密度都比锡大，属于有色重金属。

铋是锡的"免疫药物"，能让锡免于"感染"。除此之外，它还有抗磁和热缩冷胀的特性。

青铜也是热缩冷胀，但它是混合物，是铜和锡混合之后产生的特性。而铋不需要其他元素帮忙，人家单枪匹马上阵，就能做到热缩冷胀。

在元素周期表上，在铋的上方，紧挨着另一种元素锑，锑同样是热缩冷胀的金属。

五百多年前，大概就在《萍踪侠影录》里大侠张丹枫与妻子云蕾退隐江湖的时候，德国人约翰内斯·古登堡发明了铅字印刷机。古登堡最初把铅与锡熔化，小心翼翼地倒入字模，冷却后，把成型的铅字取出来，发现皱缩难看。古登堡后来在铅锡合金中掺入锑和铋，由于后面这两种金属热缩冷胀，熔液在冷却时不收缩，故而造出的铅字均匀饱满，十分成功。

锑和铋的另一特性是抗磁。

大家都见过磁铁吧？拿一枚铁钉靠近一块较大的磁石，铁钉会被磁铁吸走。但当你将金钉、铜钉、银钉、锡钉（现实生活未必买得到这些材质的钉）靠近磁石时，会发现这些金属好像对磁石没有感觉。如果有，那一定是因为材质不纯，混入了铁或者镍。

在春秋战国，磁石被写成"慈石"。那时候人们不明白磁石吸引某些金属的原理，天真地认为铁、镍等金属是被磁石生出来的。换句话说，磁石好像慈母，铁、镍仿佛娇儿，儿子见了慈爱的母亲，自然要扑过去；母亲遇到可爱的儿子，自然要抱起来。

古人的猜测也不全错。天然磁石主要是由四氧化三铁组成的，确实含有铁元素，确实能炼出铁来。但四氧化三铁之所以能吸引铁，并不是因为它能炼铁。这个问题很容易想明白，石灰石能炼出生石灰，沙子能炼出单晶硅，可是谁见过石灰石吸引生石灰？又有谁见过单晶硅遇到沙子就扑过去不撒手呢？

要解释磁石吸铁的原理，我们需要跳进物体的微观世界。

所有宏观物体都由原子组成，原子则由原子核和电子组成。电子带负电，它们时时刻刻都在围绕原子核运动，同时又在不断地进行自旋运动，这些自旋运动和绕核运动都在产生极其微小的电磁场。用最简单但是不太严格的话讲，某些宏观物体所表现出来的磁力，是这些极小电磁场累加的效果。

亿亿万万个原子组合在一起，它们各自的电磁场方向杂乱无章，磁力被相互抵消，既不吸引其他物体，也不被其他物体吸引。只是有些物体的结构更加有序，几个原子一组，几个原子一组，自动构成规整的晶体单位，每个晶体单位都形成一股绕着晶体轴心运动的环形电流，进而形成一个仍然微小但是比原子磁场大得多的晶体磁场。

通常情况下，晶体磁场方向各异，也会互相抵消。但当某些物体进入强大的磁力空间时，在外界电磁力的作用下，组成该物体的晶体们就像听到了口令，瞬间调整磁场方向，集体指向一个方向。在这个时候，相邻晶体的磁场仍然被抵消，而物体表面则有一层很强的磁化电流通过，在物体两端形成两个相反的磁极，开始吸引其他物体，或者被其他物体吸引。

金属基本上都是晶体构成的（也可以说金属基本上都是晶体），而每个晶体单位都是由失去外层电子的原子（阳离子）和在晶体中乱窜的自由电子构成的。自由电子带负电，阳离子带正电，一旦进入外部磁场，阳离子自身的磁场跟外部磁场方向趋同，表现出顺磁性；自由电子运动所形成的磁场跟外部磁场方向相反，表现出抗磁性。如果顺磁性打败了抗磁性，这块金属就会被磁石吸引；如果抗磁性打败了顺磁性，这块金属就对磁石没有感觉。

铁和镍为什么会被磁石吸引？因为它们的顺磁性强，抗磁性弱。纯金、纯铜、纯锡、纯锑、纯铋为什么对磁石没感觉？因为它们的抗磁性强，顺磁性弱。

《书剑恩仇录》第十六回，陈家洛、霍青桐、香香公主三人误入西域古城，在一座大殿里见到了抗磁和顺磁的奇异景观。

三人走进大殿，陈家洛突觉一股极大力量拉动他手中短剑，当的一声，短剑竟尔脱手，插入地下。同时霍青桐身上所佩长剑也挣断佩带，落在殿上。三人吓了一大跳。霍青桐俯身拾剑，一弯腰间，忽然衣囊中数十颗铁莲子嗤嗤嗤飞出，铮铮连声，打在地上。

这一惊当真是非同小可，陈家洛左手将香香公主一拖，与霍青桐同时向后跃开数步，双掌一错，凝神待敌，但向前望去，全无动静。陈家洛用回语叫道："晚辈三人避狼而来，并无他意，冒犯之处，还请多多担待。"隔了半晌，无人回答。

陈家洛心想："这里主人不知用什么功夫，竟将咱们兵刃凭空击落，更能将她囊中铁莲子吸出。如此高深的武功别说亲身遇到，连听也没听见过。"又高声叫道："请贵主人现身，好让晚辈参见。"只听大殿后面传来他说话的回声，此外更无声息。

霍青桐惊讶稍减，又上前拾剑，哪知这剑竟如钉在地上一般，费了好大的劲才拾了起来，一个没抓紧，又是当的一声被地下吸了回去。

陈家洛心念一动，叫道："地底是磁山。"霍青桐道："什么磁山？"陈家洛道："到过远洋航海的人说，极北之处有一座大磁山，能将普天下悬空之铁都吸得指向南方。他们漂洋过海，全靠罗盘指南针指示方向。铁针所以能够指南，就由于磁山之力。"

霍青桐道："这地底也有座磁山，因此把咱们兵刃暗器都吸落了？"陈家洛道："多半如此，再试一试吧。"

他拾起短剑，和一段椅脚都平放于左掌，用右手按住了，右手一松，短剑立即射向地下，斜插入石，木头的椅脚却丝毫不动。陈家洛道："你瞧，这磁山的吸力着实不小。"拾起短剑，紧紧握住，说道："黄帝当年造指南车，在迷雾中大破蚩尤，就在于明白了磁山吸铁的道理。古人的聪明才智，令人景崇无已。"她姊妹不知黄帝的故事，陈家洛简略说了。

霍青桐走得几步，又叫了起来："快来，快来！"陈家洛快步过去，见她指着一具直立的骸骨。骸骨身上还挂着七零八落的衣服，骨骼形状仍然完整，骸骨右手抓着一柄白色长剑，刺在另一具骸骨身上，看来当年是用这白剑杀死了那人。

霍青桐道："这是柄玉剑！"陈家洛将玉剑轻轻从骸骨手中取过，两具骸骨支撑一失，登时喀喇喇一阵响，垮作一堆。

那玉剑刃口磨得很是锋锐，和钢铁兵器不相上下，只是玉质虽坚，如与五金兵刃相碰，总不免断折，似不切实用。接着又见殿中地下到处是大大小小的玉制武器，刀枪剑戟都有，只是形状奇特，与中土习见的迥然不同。陈家洛正自纳罕，霍青桐忽道："我知道啦！"微微一顿，道："这山峰的主人如此处心积虑，布置周密。"陈家洛道："怎么？"霍青桐道："他仗着这座磁山，把敌人兵器吸去，然后命部下以玉制兵器加以屠戮。"

香香公主指着一具具铁甲包着的骸骨，叫道："瞧呀！这些攻来的人穿了铁甲，更加被磁山吸住，爬也爬不起来了。"

大殿底下是一座磁山，形成强大的外部磁场，吸走了所有的铁制兵器和铁盔铁甲。当年大殿的主人就是凭借这种磁力，让来犯之敌失去兵刃，而他和他的部属则从铁器时代回到石器时代，手持坚硬而易脆的玉剑，跟敌人斗了个同归于尽。玉是多种矿物组成的物质，大部分玉石矿物都不含铁，只含抗磁的硅和铝，故此能屏蔽磁山的强大引力。

用玉造兵器，成本太高，工期太长。如果那座大殿的主人学过化学知识，他或许会想到用锡、锑、铋等金属来代替玉。锡很便宜，锑与铋也不贵重，几万块钱就能买到成吨的锑和铋，用这类抗磁金属打造的兵器，既不会被磁山吸走，又花不了多少钱。

美中不足的是，锡太软，锑和铋太脆，故而锡剑易弯，锑剑和铋剑易折，杀伤力未必比得上玉剑。要想弥补这个不足，最好再购买一批金属铅，制成铅锑合金与铅铋合金，熔点低，硬度高，延展性好，既容易锻造，又容易铸造，是制造兵器的不错材料。

铅也是抗磁金属，它跟锡、锑、铋等抗磁金属的合金，同样不会被磁山吸走。

点穴的有效期

锡的原子核有 50 个质子，锑的原子核有 51 个质子，铋的原子核有 83 个质子，所以在元素周期表上，铋排在比锡和锑都要靠后得多的位置。

事实上，铋是元素周期表上的最后一个稳定元素，在它后面的所有元素，无论来自天然还是人工合成，统统都不稳定。

元素不稳定，指的是原子核不稳定，它们的质子或者中子的数目会发生变化。

我们知道，原子核由中子和质子组成，中子不带电，质子带正电。我们还知道，所有带电的物质都有这样的特性：异性相吸，同性相斥。因为质子都带正电，所以质子与质子之间会产生斥力，互相将对方往外推，科学家将这种力称为"库伦斥力"。

假如只存在库伦斥力的话，质子无法结合，原子核就无法存在，这个五彩斑斓的神奇世界就无法存续。好在原子核内还有一种力，该力能把靠得足够近的质子和质子、质子和中子、中子和中子吸在一起，我们叫它"强相互作用力"。

强相互作用力往里吸，库伦斥力往外推，二力平衡的时候，原子核就能稳定存在。不过强相互作用力的有效距离太短了，原子核稍微大一点点，质子和中子的数目稍微多一点点，就超出了该力的作用范围，它再也约束不住质子和中子，只能让一部分质子或者中子逃出去，才能让原子核回到稳定状态。

当一个原子核里的质子或者中子外逃时，这个元素就会变成其他元素，或者变成它自己的同位素，也就是与旧的原子核质子数相同但中子数不同的新原子核。我们把这个过程叫做原子核的"衰变"，并将会衰变的元素叫做"放射性元素"。

衰变过程是需要时间的，而且所有的放射性元素都遵循一个奇妙的规律：无论外界条件如何变化，都是每隔一个固定的时间才能衰变完一半数量的原子核。

你可以将放射性元素想象成一根正在被某个无聊的家伙用无限薄但是无限坚固的刀不断砍断的棍子，棍长 100 厘米，头 1 秒钟被砍去 50 厘米，后 1 秒钟被砍去 25 厘米，再后 1 秒钟被砍去 12.5 厘米，再后 1 秒钟被砍去 6.25 厘米，再后 1 秒钟被砍去 3.125 厘米，再后 1 秒钟被砍去 1.5625 厘米，再后 1 秒钟被砍去 0.78125 厘米……如此这般持续进行。

庄子说："一尺之棰，日取其半，万世不竭。"一尺长的短木棍，每天砍走一半，虽然木棍的长度将趋向于无穷小，但是砍一万年也砍不完，放射性元素的衰变过程与此近似。不过当放射性元素衰变到只剩最后一个原子核的时候，这个原子核什么时候衰变就不可预测了。衰变是肯定的，但你不知道它究竟会在什么时候。

不同的放射性元素衰变一半所需要的时间也不同，例如惰性气体氡的同位素氡 222 要过 3.8 天衰变完一半，放射性金属镭的同位素镭 226 要过 1620 年衰变完一半，而另一种放射性金属铀的同位素铀 238 则要经过 45 亿年才能衰变完一半。换一种科学点儿的表达，我们可以说，氡 222 的半衰期是 3.8 天，镭 226 的半衰期是 1620 年，铀 238 的半衰期是 45 亿年。但还有一些人工合成的新元素，半衰期短得可怕，往往只需要亿万分之一秒的时间，就衰变完了一半。

严格讲，铋并不能算是绝对稳定的元素，它也有半衰期，长达 1.9×10^{19} 年，是现在宇宙年龄的 10 亿倍！如果人和宇宙的寿命都可以无限长，那么每隔 1.9×10^{19} 年，我们将看到一块铋衰变掉一半。但我们的寿命短暂，我们生活的这个宇宙也有生老病死，无论人还是宇宙，都没有机会观察到铋的衰变，所以仍然可以认为，铋就是元素周期表最后一个稳定元素。

知道了某些放射性元素的半衰期，我们甚至可以算出地球的年龄和一些文物的年龄。就拿碳的同位素碳 14 来说吧，它的半衰期是 5730 年，而经过检测，马王堆 1 号汉墓里的一块杉木棺材板里的碳 14 已经衰变了 32% 左右，据此可以推算，那块杉木从活着的杉树变成无生命的棺材板的时间，距今大约两千多年。

碳 14 经常用来测算文物的年龄，铅的放射性同位素经常被用来测算地球的年龄。铅有三种同位素：铅 204、铅 206、铅 207。其中铅 204 很稳定，不会衰变，地球诞生时有多少铅，现在仍然有多少铅；而铅 206 和铅 207 则会衰变，科学家将坠落在地球上的陨石里所含的铅跟地球岩层中的铅做对比，根据铅的三种同位素的不同比例，就能推算出地球的年龄。现在的推算结果是，地球年龄大约已有 45 亿年。

半衰期不同于元素之间的化学反应，那些反应可以人为改变，可以用升温、升压、加入催化剂等方式来加快或者减缓反应时间。但半衰期是不能改变的，因为每种放射性元素的衰变都是由原子核的内部结构决定的，跟外部的物理变化和化学反应没有任何关系。一种放射性元素，不管它是以单质的形式存在，还是跟其他元素形成的化合物，不管你对它施加压力，还是提高温度，都不能改变半衰期，因为压力和温度都不会影响原子核的结构。

说到这里，我不由得想起《天龙八部》第十六回的情节。

群丐中有人插口道："智光大师，辽狗杀我汉人同胞，不计其数。我亲眼见到辽狗手持长矛，将我汉人的婴儿活生生的挑在矛头，骑马游街，耀武扬威。他们杀得，咱们为什么杀不得？"

智光大师叹道："话是不错，但常言道，恻隐之心，人皆有之。这一日我见到这许多人惨死，实不能再下手杀这婴儿。

"你们说我做错了事也好，说我心肠太软也好，我终究留下了这婴儿的性命。

"跟着我便想去解开带头大哥和汪帮主的穴道。一来我本事低微，而那契丹人的踢穴功又太特异，我抓拿打拍，按捏敲摩，推血过宫，松筋揉肌，只忙得全身大汗，什么手法都用遍了，带头大哥和汪帮主始终不能动弹，也不能张口说话。

"我无法可施，生怕契丹人后援再到，于是牵过三匹马来，将带头大哥和汪帮主分别抱上马背。我自己乘坐一匹，抱了那契丹婴儿，牵了两匹马，连夜回进雁门关，找寻跌打伤科医生疗治解穴，却也解救不得。

幸好到第二日晚间，满得十二个时辰，两位被封的穴道自行解开了。"

少林寺的玄慈方丈（带头大哥）和丐帮的汪帮主被契丹高手萧远山点住穴道，失去行动能力，必须等到十二个时辰以后，才会自动解穴。

我觉得可以这样比喻：萧远山点穴的有效期就像放射性元素的半衰期，智光大师想要人为缩短半衰期，抓拿打拍，按捏敲摩，推血过宫，松筋揉肌，最后又找跌打医生疗治，统统不见任何效果，只能手足无措地等待点穴有效期自己结束，等待玄慈方丈和汪帮主自己能动。

温泉的放射性

《神雕侠侣》第十七回，杨过与金轮法王等人抵达绝情谷。

六人随着那绿衫人向山后走去，行出里许，忽见迎面绿油油的好大一片竹林。北方竹子极少，这般大的一片竹林更是罕见。七人在绿竹幕中穿过，闻到一阵阵淡淡花香，顿觉烦俗尽消。穿过竹林，突然一阵清香涌至，眼前无边无际的全是水仙花。原来地下是浅浅的一片水塘，深不逾尺，种满了水仙。这花也是南方之物，不知何以竟会在关洛之间的山顶出现？法王心想："必是这山峰下生有温泉之类，以致地气奇暖。"

北方地气不如南方温暖，山顶之上气温更低，但那里却有大片水仙花长出，实在稀奇。上知天文、下知地理的金轮法王据此推断，山峰下面应该有一眼温泉。

绝情谷里到底有没有温泉呢？后文没有提及。翻开温瑞安"四大名捕"系列之《骷髅画》，真正的温泉咕嘟咕嘟冒出来了。

跨过不老溪，沿岸直上，已是申未时分，山边天易暗，马也疲了，人也累了。

溪旁却有一些茶棚，结搭着那些干草柴枝，丁裳衣忽然问："要不要浸温泉？"

众人一愣。

唐肯问："温泉——？"

丁裳衣笑嘻嘻地道："有温泉，我一闻就知道。"她的笑靥变成了缅怀："当年，我和关大哥，千山万水去遍，什么地方也跑过，有什么还不晓得的？"

冷血道："好，"忽又道："只是——"要是几个男子泡温泉倒无妨，现刻却有一个女子，似应有避忌。

丁裳衣笑了："怎么男子汉大丈夫，比女孩子还作态！"说罢用手一指，只见那河床边有几个小潭，氤氲着雾气，壁上铺满了翠绿的青苔，映着潭水一照，更是深碧沁人。

丁裳衣："那就是温泉，要浸去浸，不浸拉倒。"说着打开小包袱，取出一枝香点燃，然后插在一处石上，众人都觉纳闷，只听丁裳衣低声禀道："大哥，我知道，你没忘记我，我也永远不忘记你。你在生的时候，到处拈花惹草，我也没为你守什么，你死了，我还活着，在没为你报得大仇前，我一定不会寻死的，你放心好了。"

说罢，拜了三拜，竟脱掉衣服，走向温泉。

……

这些人里，冷血武功要算最高，但他的心里像有个小孩在胸臆间狂播，可能是因为他那一股力，那一道劲，是任何人所永远不能比拟的，只是他那更深沉的侠气，比男性的威力与魅力更深刻。

他突然除掉衣服，像野兽回到原始森林里一般自然，有力而强劲地跃入另一潭中。

浸在温泉里，热气蒸腾，他似驾驭在热流中，全身感到舒泰。

武侠故事里的温泉很多，金庸写过，古龙写过，梁羽生也写过，但是都没有温瑞安写得这么细致，这么有诗意。我们隔着纸面，几乎能看到氤氲的水汽，几乎能感觉到温泉的热力。

温泉分两种，一种是天然的，一种是人工的。人工温泉是打井打出来的深层地下水，泵入水池，热力惊人，再混入温度较低的浅层地下水，调节到适宜温度，泡起澡来十分方便，但没有诗意。天然温泉也是地下水，不等机器去抽，自己涌出来了，还带着热烈的温度，哪怕在白雪皑皑的山谷里，它还是热情依旧。

问题是，温泉为什么会热？是谁赋予它了热情呢？

如果您知道答案，恐怕会诗意全无——这颗星球上所有的温泉，无论是天然温泉，还是人工温泉，归根结底都是被放射性元素"烧"热的。

地球内部有很多放射性元素，含量最高的当属这么几种：铀238、铀235、钍232、钾40。

这些放射性金属每时每刻都在衰变，既放射出粒子，也辐射出能量。辐射的能量碰到岩石，会加速岩石分子的运动速度，从而产生热（热的本质就是分子运动）。热量越聚越多，温度越升越高，高到一定程度，岩石就被熔成了岩浆。如果辐射的能量碰到地下水呢？自然也让水分子运动加速，让地下水的温度逐渐升高。当地下水上方的岩层出现缝隙，并且有一个强大的外部压力时，滚热的地下水就会涌出岩层，涌向地表，温泉就这样产生了。

有的温泉并没有被放射性金属辐射到，而是被地下的岩浆给"煮"热的。但不管怎样，温泉之所以温，总要归功于辐射。如果地球内部没有放射性金属的衰变，那就不会有岩浆，也不会有温泉。

对于温泉，我们有两个误解。第一个误解：相信温泉有奇效，经常泡温泉，能强身健体，能治愈某些疾病；第二个误解：担心温泉有辐射，像核泄漏一样，严重危及我们的健康。

实际上，温泉跟温泉是不一样的。有的温泉确实有疗效，温泉里的硫化物确实能杀菌，还有它里面的硅酸盐以及锶、氟等元素，对健康确实有好处。但是硫化物吸多了又会伤害呼吸系统，如果你在老远处就能闻到浓浓的硫黄味儿（就像《骷髅画》里的丁裳衣那样），那种温泉还是不要频繁、不要长时间去泡。呼吸道有炎症的、抵抗力较差的、对二氧化硫过敏的朋友，干脆就别泡温泉。

有的温泉确实有辐射，辐射物主要是惰性气体里的氡。铀238衰变，会产生氡。氡再衰变，又产生84号元素钋的同位素钋218。我们知道，氡是自然界中唯一有放射性的气体，它衰变时辐射的能量并不强，但如果氡的浓度过大，却会损害气管，甚至诱发肺癌。现在地球上有两大因素诱发肺癌，第一是抽烟，第二就是氡辐射。

另外，氡衰变产生的钋218也是有毒性的，虽然不像它的同位素钋210那样剧毒（一粒黄豆大的钋210，足以毒死几亿人），但同样是放射性物质，当辐射剂量比较大时，仍然能够致人死命。

直截了当地讲，什么是温泉？就是辐射过的地下水。这种水从地下喷出时，肯定携带着数量不等的放射性物质。放射性物质发出的能量不强时，对人体或许有益；可万一放射性很强呢？那就非常有害了。所以，诸位读者朋友下次再去泡温泉时，最好携带一个能测辐射强度的盖革计数器，确保计数器显示的读数在安全范围。

放射性金属被追星的时代

　　有些主打温泉招牌的旅游业者，要么自己不懂科学，要么欺负消费者不懂科学，一直大力吹嘘氡的养生保健功效，将他们的温泉命名为"氡泉"，吹嘘温泉的氡浓度很高，可以镇静止痛、活血化瘀、刺激循环、祛风去湿、消斑美容、改善体质、促进新陈代谢、增强免疫力、抗疲劳、抗衰老……稍有现代医学常识的朋友都知道，像这种包治百病的神奇玩意儿，世界上是不可能存在的，至少地球上不会存在。

　　每个温泉都是放射性金属"烧"出来的，每个温泉里都有氡，每个氡原子都在衰变，每次衰变都会辐射出对人体有益或者有害的能量。究竟有害还是有益，跟氡的浓度、温泉的温度、周边的环境密切相关。

　　氡有三种同位素，分别是铀系放射性金属衰变产生的氡222、钍系放射性金属衰变产生的氡220、锕系放射性金属衰变产生的氡219。其中氡222半衰期3.8天，氡220半衰期55.6秒，氡219半衰期只有4秒。鉴于后两种同位素半衰期太短，在温泉中含量极低，基本上对人体健康构不成影响，谈不上有益，也谈不上有害。当我们用盖革计数器测量温泉辐射强度的时候，实际上监测的主要是氡222的辐射强度。如果有条件的话，我们泡温泉时携带一个氡监测器，也许比携带盖革计数器更靠谱。

氡 222 可溶于水，水温越高，挥发越快，在封闭环境中聚集得越多，辐射强度也就越大。可惜很多人缺乏科学常识，总是受虚假宣传和江湖游医的蒙骗，误以为氡的浓度越高越好，却从来意识不到高氡辐射正在悄悄侵蚀着他们的呼吸道。

这种误将高强度辐射当作养生灵丹的事，国际上也有很多。

就拿那个被居里夫人发现的大名鼎鼎的放射性金属镭来说吧，现在大众谈之色变，避之唯恐不及。可是就在 20 世纪 30 年代，美国还有一家大型企业在批量生产一种小瓶装的"健康饮料"，该饮料含有镭和另一种放射性金属钍，俗称"镭补"。那时候很多美国人都认为，每天饮用镭补，可以延年益寿。花花公子实业家埃本·拜尔斯每天饮用三瓶镭补，直到下颌脱落而死——他的大脑和头骨被镭的高强度辐射"击穿"，出现了许多密密麻麻的细小空洞。直到今天，我们用盖革计数器来测量八十年前留下来的镭补瓶塞，读数仍然超过 1000，这是一个非常危险的辐射值。

第二次世界大战期间，德国有一家制造牙膏的公司，从德军占领的巴黎运走一大批钍。现在的我们把钍当作很有前途的新能源、战略物资和剧毒元素，希望用它制造核武器、核电站、增强常规武器杀伤力的大杀器。可是德国这家牙膏公司却把钍添加到了牙膏里，并相信含钍的牙膏对健康非常有益。

再往前追溯，镭被发现不久，著名钟表制造商沛纳海竟然开始利用镭衰变时的发光特性，生产了第一批引发豪华腕表消费热潮的"夜光表"。镭的半衰期长达一千多年，将它与锌混合，制成并不昂贵的夜光涂料，可以发光上百年。当时是怎么加工的呢？很简单，女工们用舌头舔一下毛刷，蘸一下镭锌涂料，在钟表指针上涂抹均匀，然后再舔一下毛刷，再蘸一下镭锌涂料……没错，不出我们意料，这些女工当中有很多人死于镭辐射。

　　人类最初发现放射性金属，当然要惊讶于它们表现出来的神奇特性，例如自动发光，例如自动发热。然后呢，受限于当时物理水平、化学水平与医学水平的普遍落后，大家单纯从思辨出发，将这些放射性金属当成养生灵药，口服之，涂抹之，使用之，也就不足为奇了。这跟古代中国的术士们炼化丹药，试图通过服食水银来实现白日飞升的梦想，完全是同一种认知，处于同一个境界。

第三章

点石成金

武侠小说家形容一个人的武功超凡入圣，有时会用到四个字：点石成金。

温瑞安《四大名捕系列》当中，帮冷血对抗恶势力的那个老头，江湖上号称"捕王"的京城神捕李玄衣，他的武功"已到了炉火纯青、深藏不露、虚怀若谷、点石成金的境界"。

温瑞安《说英雄，谁是英雄》系列当中，武功最高的名叫关七，他的功夫相当科幻，刀砍不伤，雷劈不死，一人迎战所有高手，随随便便伸出一个小指头，就能在三丈之外取人性命。温瑞安这样形容关七的指力："关七这随意的两指，所蕴的并不是内力、指劲，甚至也不是武功，而是一种至大无过的、可怖可畏的奇异能量，完全从心所欲也随遇而安的气流振频，在关七手上使来，不但五指点将，也点石成金，化玉帛为干戈，超生回死，那是一种非武术的、宇宙自然间原有的力量。"

拥有攻击能力的人体部位很多，手指这个部位肯定最为灵活，可惜很不结实。我等凡夫俗子用手指戳人，很可能会让自己受伤，例如把指尖戳破，或者被人家掰断关节。

奇怪的是，武学高手却非常喜欢用手指当武器，攻击力惊人，还从来不担心手指会受伤。例如段誉的六脉神剑，他爸段正淳的一阳指，少林派的绝学金刚指，黑风双煞误打误撞练成的九阴白骨爪，东邪黄药师的弹指神通，《笑傲江湖》里西湖梅庄二庄主黑白子的玄天指，无一不是使用手指的武功。这些武学高手的手指相当神奇，有的能凌空发剑，有的能隔空点穴，有的能捏扁金属，有的能插入头颅，有的能戳破坚石，有的能化水成冰。他们指力如此神奇，靠的是什么？是靠天天往树上戳，将指头戳出老茧来吗？那肯定不行。正确答案是靠内力，有内力做后盾，手指才能点石成金，无往不利。

当然，所谓点石成金，仅仅是个比喻而已，人世间再强大的指力，都不可能真的将石头点成金子。

王指点将是怎样一门奇功

说到指力强大，有必要提一提笔者喜欢的江湖奇侠方振眉。

方振眉是温瑞安《白衣方振眉》系列作品的主人公，他生活在南宋前期，大概跟《射雕英雄传》主人公郭靖的父亲郭啸天处于同一个时代。

他有两门武功最为出色，一是轻功，再就是指力。

他的指力有个名堂，号称"王指点将"。

他施展"王指点将"，只需一根中指。旁人竖起中指，那是骂人；而他竖起中指，点石成金：

方振眉忽然道："不知你有没有听说过……"

司空退眉一扬，绿火一霎，仍是禁不住问："听说过什么？"

方振眉笑吟吟地道："有一种武功……"

司空退不耐烦起来："什么武功，快说！"

方振眉："有一种武功能后发先至，以后发制人，以柔制刚……"

司空退没有听完。

他已听懂方振眉的意思。

方振眉的意思很简单：他还没有死。一支剑指着他的咽喉，不等于洞穿了他的咽喉。

司空退没有再让方振眉说下去。

他立刻出那一剑。

剑只离方振眉的喉管不到一分，他要方振眉永远再也说不出一句话来。

他的剑刺出，只有一分的距离，可是那一分的距离，忽然多了一件东西。

方振眉的指头。

"叮"的一声，剑刺在指头上。剑尖折，断刃飞，"笃"地射入船舱上。

司空退舞起周身剑花，万缕红光，梅买、伊卖二人同时出剑，刺二十三，削四十一，方振眉身如白鹤，长空拔起，已悠然落足在船桅上。

只见船桅帆布上那颗绿粼粼的骷髅上，潇潇洒洒地飘上了一袭白色衣衫。

司空退怒吼道："王指点将，千刀万剑化作绕指柔……你，你已练成了'点石成金'！？"

只听方振眉在风中传来的语音："可惜点是点了，石还是石，金仍是金。"

这是方振眉系列作品之一《小雪初晴》里的场景。当时方振眉被困在船上，三名杀手围住他，一支利剑顶住他的咽喉，但他潇洒自如，凛然不惧。敌人一剑刺出，他的中指后发先至，在咽喉处挡住了剑尖。剑尖折，断刃飞，他的指头完好无损。

速度如此快的手指，硬度如此高的手指，修炼到了这般点石成金境界的手指，把石点成金了吗？

没有。

方振眉的声音在空中飘荡："可惜点是点了，石还是石，金还是金。"这句话的弦外之音是，他的指力虽深，却不能点化敌人。

他的话颇有禅意。

方振眉指力很强，前文点过名字的关七、段誉、黄药师等人，指力也很强。可惜的是，无论多强的指力，都不可能点石成金。

武侠世界里从来没有出现过点石成金的案例，这样的案例只可能出现在神话世界。

大家还记得小时候听过的那些点石成金的神话吧。

某个多灾多难的穷小子，偶然得到一块神奇的点金石，在普普通通的石头上一敲，石头就变成了黄澄澄的金子，从此过上了永远不缺钱花的富贵生活。

某个过于贪心的国王，偶然救了一个失足落水的精灵，精灵满足他的愿望，送给他一只神奇的金手指，凡是被金手指碰到的东西，都会变成金子。兴奋的国王东摸西摸，先是把石头、土块、家具、房子变成了金子，然后又把骑的马、穿的衣、喝的水、吃的饭也变成了金子，最后只能眼巴巴地看着满屋子黄金，活活地冻饿而死。

据《三言二拍》转述，咱们中国神话系统的关键成员吕洞宾，也就是《八仙过海》电视剧里那位斜背长剑的道士，曾经差一点儿学会点石成金。

据说吕洞宾老师年轻的时候去长安赶考，巧遇神仙汉钟离。汉钟离说："小伙子，有一门点石成金的法术，你愿学吗？"吕洞宾反问道：

"这门法术能让石头一直变成金子吗？还会不会再变回石头呢？"汉钟离说："你放心，我这门法术有效期很长，变成的金子直到三千年后才会变回石头。"吕洞宾点点头，拒绝了汉钟离的好意。他立场坚定地说："虽然遂我一时之愿，可惜误了三千年后遇金之人，弟子不愿受此方也！"汉钟离听了这话，相信小伙子与人为善，大公无私，是个可造之材，于是将他收归门下，传授了真正的神仙法术。

武侠小说太神奇，神话传说太玄乎，都不属于科学研究的范畴。作为科学爱好者，下面我们要探讨这样一个问题：凭借我们人类现有的功力，是否真的可以将石头变成黄金呢？

牛顿的点金术

有的朋友可能会说：这不废话吗？石头当然能变成黄金啊！古人铸剑用的铁、铸钱用的铜、造佛像用的金、打首饰用的银，哪样不是从石头里冶炼出来的？石头如果不能变成金，要金矿石何用？

其实呢，金矿石之所以能变金，完全因为里面本来就有金。如果本来无金，如果是一块完全不含金元素的普通石头，你用高炉把它炼碎，用神功把它点碎，它也变不成金子。

古人最初从金矿中炼金，主要靠"淘"，像淘米一样用水去淘。将可能含金的矿石砸碎，磨成石粉，反复淘洗。金的密度大，较重，不会冲走；杂质密度小，较轻，被水漂去。

淘洗之后，一大块巨石可能只剩一小层金砂，再将金砂高温冶炼。金的熔点不算高，超过千度就会熔化，但它化学性质非常稳定，很难氧化。通过冶炼工序，金砂中一些容易燃烧容易挥发容易氧化的杂质又被筛选出去，剩下的就是纯度较高的金子。

春秋战国时期，匠人就靠上述笨方法冶炼黄金，不过也能得到成色不错的金块，纯度可以达到95%左右。

再后来，更聪明的方法发明出来，人们开始用水银来提炼黄金。

水银是个性独特的液体金属，居然能溶解黄金。找到可能含金的矿石，打碎，磨粉，加水调浆，倒入水银，搅拌均匀。金的密度大，水银的密度也不小，金砂被水银溶解，两种元素混合成高密度的溶液，沉淀成黏稠的矿泥。将上层溶液排出去，挖出底层富含黄金与水银的矿泥，用纱布包裹，挤出水银，留下的就是黄金。如果你觉得用这道工序提取的黄金有太多杂质，那就结合前面的水选方案，接着用淘洗的方法去粗取精、去伪存真。

伟大科学家牛顿活着的时候，用水银提炼黄金的方法还很流行，一直试图将其他元素变成黄金的点金术士们受到启发，相信水银能变成黄金。也就是说，哪怕没有金矿石，哪怕只有水银，只要找到合适的方法，就能将水银转化成黄金。

水银几百元一公斤，黄金几十万元一公斤，能把水银变成黄金，那当然是天大的利润。所以呢，点金术士前赴后继，贵族富商大力扶持。就连牛顿那么高明的大科学家，晚年都把精力投入到了将水银变黄金的研究工作中。

牛顿晚年有名有利，薪金丰厚，他不缺钱，但他希望通过这样的研究，摸索出一条人工合成金元素以及其他元素的科学道路。

牛顿活了八十多岁，堪称高寿，可他晚年并不健康。大约从五十多岁开始，他就须发斑白，并且还时不时地精神失常。有人说他的精神失常是因为受到两场打击——母亲去世了；手稿也不小心被烧掉了。也有人说是因为他研究水银变黄金，长期吸入剧毒的水银蒸气，导致了汞中毒。

据说有两位研究牛顿生平的学者，拿到了牛顿死后留下来的四绺头发，用现代仪器来化验，测出其中含有高浓度的汞。正常人的毛发中也含有极微量的汞，但牛顿头发的汞含量是正常人的二十倍，不中毒才怪，不精神失常才怪。

牛顿是百年不遇的伟人，他以一己之力建造了近代数学和经典物理学的两座大厦，他那逻辑与实证相结合的思维方式是古代蒙昧与现代文明的分水岭，但他毕竟不可能超越时代的局限——凭借他那个时代的科学仪器、分析工具以及相关学科的知识储备，根本无法搞清楚化学元素究竟是怎么回事儿，无法搞清楚化学反应的本质是什么，更不可能深入了解原子的内部结构。既然水能变成冰，酒能变成气，外力能改变速度，质量能生出引力，那水银凭什么就不能变成黄金呢？他作为一个科学家，研究这些是理所当然的。

苏东坡的点金术

还有个故事发生在古代中国：科学家牛顿没有找到的点金秘术，文学家苏东坡却认为他找到了。

苏东坡年轻时在凤翔（今在陕西宝鸡一带）做官，凤翔有一座开元寺，寺内壁画历史悠久。苏东坡喜欢古画，他每逢十天歇一天班，休假时没事干，经常跑去开元寺，仔细观摩墙上的画，一看就是一整天。

有一回正看得入迷，一个老和尚蹀步过来，跟苏东坡打招呼："小院在近，能一相访否？"老衲的禅房就在附近，能请施主过去做客吗？

苏东坡欣然答应，跟老僧去了禅房。宾主落座，老和尚开门见山："贫僧平生好药术，有一方，能以丹砂化淡金为精金。老僧当传人，而患无可传者，知公可传，故欲一见。"贫僧一辈子研究化学，研究出一个秘方，用丹砂作为催化剂，能把纯度低的黄金变成纯度高的黄金。现在贫僧年纪大了，不能把这个秘方带到坟墓里去，今天见施主是有缘之人，您要想学的话，我可以传给你。

苏东坡婉言谢绝："吾不好此术，虽得之，将不能为。"我不喜欢这种方术，你就是传给了我，我也不愿使用它。言外之意，他风格高尚，不喜欢钱，有朝廷俸禄养着，足以度日，用不着靠化学发财。

老和尚欣然道："此方知而不可为，公若不为，正当传矣。"那太好了，我这门绝技就是要传给不爱财的人，你不爱财，正是我的传人。

于是乎，苏东坡从老和尚那里学到了将低纯度黄金变成高纯度黄金的秘笈。

说是秘笈，其实也不复杂。按苏东坡的弟弟苏辙原文记载："*每淡金一两，视其分数不足一分，试以丹砂一钱益之，杂诸药入坩埚中煅之，熔化即倾出，金砂俱不耗。*"低纯度黄金一两，成色不到一分（含纯金低于10%），配上丹砂一钱（0.1两），一起放到坩埚之中，在高温的作用下，金块慢慢熔化。将溶液倒进模子里，冷却，敲开，本来纯度极低的黄金竟然变成了千足金，并且金块的重量丝毫没有变轻！

古代的化学术语很不严格，丹砂有时指朱砂，有时指硼砂。

硼砂是元素周期表第5号元素硼的化合物（若含杂质则为混合物），它不跟黄金反应，不过能做助熔剂：黄金熔点超过千度，加了硼砂以后，不足千度即可熔化。在这个温度环境下，硼砂还能跟低纯度黄金中的一些杂质发生反应，生成低密度的化合物，漂浮在黄金溶液的表面。等黄金冷却，敲掉表层残渣，即可得到纯度较高的黄金。

也就是说，如果老和尚点金秘术中的丹砂确实是指硼砂的话，那么这个秘术相当靠谱，确实可以将"淡金"化为"精金"。可是这样一来，由于去掉杂质的缘故，黄金的重量必然下降，绝对不会像苏辙原文描述的那样"金砂俱不耗"。

假如秘术里的丹砂是指朱砂呢？后果会很严重。

朱砂是水银和硫的化合物，化学名称是硫化汞。硫化汞受热，能分解出水银。水银本来能溶解金，有助于黄金提纯。但是在黄金与硫化汞混合加热的过程中，分解出的水银还没有来得及将黄金溶解，就自己挥发成汞蒸气跑掉了，最后只剩下坩埚内一坨熔融的黄金、一层淡黄的硫单质，以及一个吸入汞蒸气的老和尚。黄金的纯度丝毫没有提升，重量丝毫没有增加，人还搞得慢性中毒。

苏东坡在跟老和尚学习点金秘术的时候，他在凤翔的官职是"签书判官厅公事"，相当于市政府办公室主任。他的顶头上司叫陈希亮，就是传说中最怕老婆的那位陈季常陈老师的爹。陈希亮听说苏东坡得到点金术的消息，非要让苏东坡把方子传给他。顶头上司要方子，苏东坡能怎么办？只能照办。

后来东坡贬谪黄州，陈希亮的儿子陈季常也住在黄州。东坡询问老上司的消息，陈季常说："吾父既失官至洛阳，无以买宅，遂大作此，然竟病背痈而没。"俺爸丢了乌纱帽，去洛阳隐居，买不起房，用你给他的方子提炼黄金，结果背上长疮，去世了。苏东坡悔恨不已，忍不住仰天长叹："烧金方术不可示人！"点金秘术千万不要随便传授啊，那会害死人的！

苏东坡是百年不遇的文豪，他的诗明白畅达，他的词汪洋恣肆，他的文章光耀千古，他的学问博大精深，他的为人豁达而又幽默，但他不懂化学，也没有科学素养。

他早年信奉道教（启蒙教育就在眉山老家一座道观里完成的），中年信奉佛教，晚年则将方术、经咒与儒家经术融为一体。说好听点儿，他是兼通儒释道的大学者；说难听点儿，他是只懂思辨不懂实证、只懂文科不懂理科的科学盲。所以他相信人类可以通过辟谷延年益寿，可以通过丹药升仙了道，而且他确实还在道观里学过玄之又玄的神仙之术，曾经闭关打坐四十九天。他恐怕到死都不会明白，老和尚传给他的那种点金秘术，绝不可能同时达成既能提纯黄金又不让黄金变少的双重目标。他恐怕更不会知道，他的上司陈希亮之所以背上长疮，极有可能是在点金时中了毒——前面说过，如果丹砂是指硫化汞，受热分解并挥发产生的那些汞蒸气，将会让人慢慢死去。牛顿是怎么死的，他的上司陈希亮就是怎么死的。

需要再次强调，笔者在科学上崇拜牛顿，在文学上崇拜苏东坡，无论牛顿怎么迷信点金术，无论苏东坡在科学上有多么蒙昧，都不会降低他们作为人类历史里程碑的高度。

笔者只是想说，我们是现代人，我们没有必要盲目崇古，我们现在能够接触到的科学知识，是那些古人没机会接触的。

人的一生极其短暂，能学好一门知识，能精通一门技艺，已经相当了不起了。所谓上知天文，下知地理，兼通文理，学贯中西，像桃花岛主黄药师那样无所不通无所不精，那只是传说而已，古人做不到，我们生活在学术分工更加精细的今天，更没有能力做到。笔者所说的科学素养，仅仅是养成科学的思维习惯和决策方法。当我们不懂某项专业知识的时候，要记得向权威人士取经，要学会"迷信"主流科学界的观点和结论，而不必向江湖上充斥的保健产品、养生大师、风水先生、奇异疗法、易学名家、奇门遁甲、转世教主和朝阳区仁波切们低头。倘若我们能做到这些，那就会成为一个健康的人，一个阳光的人，一个充实的人，一个纯粹的人，一个脱离了低级趣味的人。

同素异形体

扯得有些远了，回到化学和武侠的正题。

化学上有两个有趣的概念，一个是"同位素"，一个是"同素异形体"。

顾名思义，同位素就是在元素周期表上位置相同的元素。

每种元素在元素周期表上的位置，主要取决于它的质子数。位置相同，说明质子数相同，但中子数不一定相同。两个原子核，质子数一样，中子数不一样，它们互为同位素。

很多元素都有同位素。

比如排在元素周期表第 1 位的氢，质子数是 1，中子数不全是 1。某些氢原子有 1 个中子，我们叫它"氘"。某些氢原子有两个中子，我们叫它"氚"。某些氢原子没有中子，我们叫它"氕"。氕、氘、氚，互为同位素，它们是氢元素家族的同位素。

再比如排在元素周期表第 8 位的氧，质子数是 8，中子数不全是 8。某些氧原子有 8 个中子，我们叫它"氧 16"；某些氧原子有 9 个中子，我们叫它"氧 17"；某些氧原子有 10 个中子，我们叫它"氧 18"。氧 16、氧 17、氧 18，它们是氧元素家族的同位素。事实上，氧总共有十几种同位素，但只有这三种是稳定的。

同素异形体的概念跟同位素完全不同。同位素纠结于原子核内中子数的区别，同素异形体重点关心原子与原子之间的排列。

以排在元素周期表第 12 位的碳为例，它至少有六种同素异形体：金刚石、石墨、石墨烯、石墨炔、碳纳米管。

金刚石俗称钻石，特别坚硬，曾经是人类知道的最坚硬物质（现在被硬度更高的其他物质取代了），所以被用来切割玻璃和钻探岩层。它之所以坚硬，完全是因为结构特别：纯净的金刚石由碳原子构成，每个碳原子都跟相邻的其他四个碳原子共享外层电子，形成极为稳固的正四面体（又叫三棱锥）结构。

石墨同样由碳原子构成，但这些碳原子排列成一层一层的，每一个碳原子都跟相邻的原子共享外层电子，形成平面的正六边形。上层碳原子跟下层碳原子之间不共享电子，只靠微弱的分子间作用力连接，所以形成石墨柔软滑腻容易分解的物理特性。

石墨烯、石墨炔、碳纳米管，也都是碳元素家族的同位素，它们的空间排列更加特别，主要是靠人工合成。

例如石墨烯，它只有一层碳原子（广义的石墨烯可以包括十层以下），薄到极致，是不可能再继续分割的最薄晶体。人们最初怎么排列这样单薄的碳原子组合呢？说起来毫无技术含量——靠透明胶布。

将一层胶布 A 粘到非常纯净的石墨上，撕下来，带走百亿层碳原子；再拿一层胶布 B 粘到胶布 A 上，撕下来，带走几十亿层碳原子；再拿一层胶布 C 粘到胶布 B 上，撕下来，带走几亿层碳原子……如此这般反复粘贴，碳原子的层数越来越小，最终总能得到仅剩一层碳原子的石墨烯。

没有错，想把一种元素变成另一种元素，例如将水银变成金，难比登天；而要改变同一种元素的原子排列，将一种同素异形体变成另一种同素异形体，相对而言就简单多了。

说是简单，实际上依然有难度。举例言之，你想把廉价的石墨变成昂贵的金刚石，必须借助大型压缩机和超高压容器，让石墨进行高压聚合反应，才能将单层六面体的石墨晶体变成立体三棱锥的金刚石晶体。工业上人工合成金刚石，一般需要在无氧条件下将石墨加热到两千度，将压力提升到三到六万个大气压。即使加入铁、钴、镍等金属元素做催化剂，也需要一万多个大气压，才能完成石墨到金刚石的转化。

金刚石那么贵，石墨那么便宜，工业上又已经掌握将石墨转化成金刚石的全部工艺，干吗不合成出更多的金刚石，让所有女孩子都满足"钻石恒久远、一颗永流传"的美好愿望呢？没别的，合成过程要求的条件太高，即使大规模生产，成本仍然不低。

自然界里的金刚石和石墨都是天然产品，无需人工合成。同为碳元素，为何有的成为石墨，有的成为金刚石？这个取决于生长环境。成为石墨，无需特别的环境；成为金刚石，则必须高温高压，完全封闭，还要有极为特殊的机缘，例如火山岩浆喷发时内含的碳元素足够多，覆盖岩层的厚度足够大，瞬间膨胀的压力足够强，压力下降的时间足够短。上述机缘有一项不能满足，就成不了金刚石，只能形成别的东西。

金庸先生后期的武侠作品《侠客行》塑造了一对同胞兄弟，可以拿来比拟生长环境对同素异形体的重要影响。

先给没有看过《侠客行》的读者朋友简要介绍一下故事梗概。

玄素庄的男主人石清，女主人闵柔，先后生下两个儿子：大儿子叫石破天，二儿子叫石中玉。

石破天刚生下没几天，被一个恶女人抢走。这个恶女人将他抱到深山老林，抚养他，同时也虐待他，让他洗衣做饭、捕鸟捉鱼，从小学习各种家务，但就是不教他读书写字。

石中玉是二儿子，因为哥哥被抢走，他受到父母加倍的怜惜和加倍的宠爱。他聪明，帅气，家庭条件又好，学习环境也好，早早被送进武林中的名门正派雪山派，跟着名师学习绝艺。

按照常理，石破天长大后会成为一个目不识丁的乡下青年，没见过世面，不会跟人交际，由于长年遭受打骂，还会有明显的自闭症倾向。而石中玉得到令人羡慕的优质教育，长大后应该神功盖世，行侠仗义，受到正派武林的普遍拥护，武功与荣誉如日中天。

但是武侠小说肯定不按常理出牌。石中玉因为缺乏管教，越来越无法无天，他贪淫好色，作奸犯科，道德品质败坏，武功也只练成三脚猫功夫，让亲生父母丢尽脸面。他哥石破天呢？居然像打不死的小强，愈挫愈勇，屡败屡胜，恶毒养母的懒惰将他培养出万事不求人的独立性格，江湖怪侠的阴谋使他修炼出可望而不可即的绝世武功。他不通世故，因此淳朴憨厚。他不识之无，所以心无旁骛。他与人为善，所以逢凶化吉。他心思单纯，所以功力精深。到最后，江湖上只有他练成那套"侠客行"神功，终成天下第一高手。

稍微联想一下碳元素的同素异形体，我们就能看出石氏兄弟有多么像石墨和金刚石。过于宽松的家教养成自由放任的性格，石墨犹如石中玉。十分残酷的环境造就晶莹无瑕的品质，金刚石仿佛石破天。

　　笔者谈的是科学，不是关于教育的心灵鸡汤。心灵鸡汤擅长煽情，而科学却注重概率。诸位为人父母的朋友，可别被石破天获得成功的小概率事件迷惑了，可别为了让孩子成为奇才，故意提供粗暴低劣的教育环境，因为这样做的成功概率实在太低，差不多就像喷发的岩浆变成金刚石的概率。

回旋加速器

现在科技发达，人造金刚石的成功率不断提升，经济成本不断下降，人们渐渐可以付得起成本，请专业机构为自己制造一些有纪念意义的金刚石成品。

碳元素构成了金刚石，人造金刚石当然是用碳做原料。技术上讲，凡是含碳的物质，石墨也好，焦炭也好，乡间灶台底下的草木灰也好，动物的骨头和毛发也好，都能拿来合成金刚石。基本工艺流程，无非是先在无氧环境下加热原料，提取纯碳，再以高温高压改变碳原子的空间排列，让它们手拉手，五个五个地结合，形成一个个坚固的正四面体。

大家都知道贝多芬吧？后人从这位天才音乐家的一部分头发里提取出纯碳，放进几千度和几万个大气压的密闭空间，两个星期后打开，已经变成了蓝色的金刚石。

瑞士某公司在十年前就推出了"骨灰造钻石"的高端服务。亲人去世，送火葬场火化，将骨灰打包，送到该公司的生产车间，加工成晶莹剔透的钻石，佩戴在家属身上，代表永远的哀思与纪念。

到了今天，英国、美国、日本、瑞士、俄罗斯，都有公司在开展这项业务，充分竞争，价格几乎都透明了，平均每斤骨灰能合成 1 克拉左右的小钻石，要价折合人民币不到 9 万元。听说某些公司还推出了将狗的骨灰变钻石的业务，不知道要价会不会比人便宜。

从普通的碳到特殊的金刚石，改变的只是原子和原子之间的结构，没有触及原子内部，没有改变元素本身。而传说中的点石成金可是要把一种元素变成另一种元素的，现代人类拥有这项技术吗？

答案是肯定的，不过需要借助极其高级、极其昂贵、极其复杂的特种设备，例如巨型的回旋加速器。

在解释回旋加速器之前，先说说元素改变的科学原理。

我们知道，元素的化学性质主要取决于外层电子，而元素的种类则完全取决于质子数量。如果把 12 个质子的镁原子核一分为二，得到两个较小的原子核，每个核各有 6 个质子，这样就把镁元素变成了碳元素。或者靠超强外力将 1 个质子射向镁原子核，该质子射穿壁垒，跟原有的 12 个质子合在一起，那就得到 13 个质子的铝原子核，将镁元素变成了铝元素。

原子核分裂是核物理研究的领域，现实生活中已然实现。几十年前在日本爆炸的那两颗原子弹不就是明证吗？一颗是铀弹，含有 92 个质子的重核在爆炸时分裂成多个轻核；另一颗是钚弹，含有 94 个质子的重核在爆炸时分裂成多个轻核。从化学角度讲，无论哪种原子弹爆炸，归根结底都是重元素变成轻元素的过程。

原子核聚合也是核物理研究的领域，现实生活中也已经实现。比原子弹威力更大的氢弹在爆炸时，将氢的同位素氘和另一种同位素氚合为一体，变成有两个质子的氦元素，并释放惊人的能量。

人工合成元素的过程必然遵循"加法规则"：用一种元素的原子核

去轰击另一种元素的原子核，当能量强大到足够击穿另一种原子核的壁垒时，轰击与被轰击者共同结合成新的原子核，新原子的质子数等于原来两种原子质子数的加和。例如用质子数为5的硼去轰击质子数为98的锎，会得到质子数为103的铹；用质子数为24的铬去轰击质子数为82的铅，会得到质子数为106的𬭶。

问题是，我们怎样才能击穿原子核的壁垒？用飞镖吗？用弓箭吗？手枪吗？用手雷吗？肯定都不行，甭说击穿原子，连分子都击穿不了。现在能做到这一点的人类武器，只能是高能粒子加速器，包括大型回旋加速器和强子对撞机之类的超级高科技设备。

回旋加速器可以用电磁场不断给带电粒子加速，让它越转越快，经过多次加速，得到很高的能量，进而击穿原子壁垒。打一个不严格的比方：回旋加速器好比公园里的旋转木马，坐在木马上的孩子好比带电粒子。小家伙们玩得正嗨，忽然停电了，为了哄孩子开心，一个力大无比的家长跑过去推。该家长站在木马旁，猛推一把，木马缓缓转动一圈。等他的孩子转回来，他再推一把，使木马逐渐加速。孩子每转过来一次，他就再施加一个推力。如此反复下去，只要家长的推力超过木马的阻力，木马就会越转越快，直到最后把孩子从木马上甩出去。

我们现在看到的元素周期表，100号之后的那些元素，基本上都是通过回旋加速器这样的强大设备为质子、电子或者中子不断加速，让它们撞击某些旧有的元素，从而合成出来的新元素。

那么能不能用加速器来合成黄金呢？答案是可以，但没有人愿意这么干。

理论上讲，用高能粒子轰击水银的放射性同位素，可以把80个质子的汞失去 1 个质子，变成 79 个质子的金。可是这个过程成本太高，做起来不划算。

首先加速器太贵，所有的高能粒子加速器都太贵。

现在国内某些大医院拥有小型的回旋加速器，通常从国外进口，报价百万美金，加上运费、关税和外贸代理费，每台的价格绝对是千万人民币出头。这类小型加速器只能生成医用的放射性同位素，例如碳 14、磷 32、硫 35、碘 131，而不能改变原子核内的质子数量。换句话说，并不能合成新的元素。至于能合成新元素的大型加速器，它们的造价基本上属于国家机密，我贸然猜一下，大概要用亿元为单位来计算吧？以我国规划建设的大型强子对撞机为例，仅仅前期项目就要拿出数百亿的工程预算。假如一个人有几百亿，他怎么可能会去合成黄金呢？投资房地产岂非更划算？

其次，就算你手头有一台能够合成新元素的加速器，就凭现在的技术条件，也合成不出大块的金子。因为加速器每次只能加速极微量的粒子，经过好几年的不断试错，最终合成出极微量的重元素或者超重元素。微量到什么地步呢？肉眼几乎看不到。核化学家用氦离子轰击锔，能造出第 98 号元素锎，大家知道锎现在的售价有多高吗？每克 10 亿美元！为啥会这么贵？正是因为合成成本太高，能合成的量太少。耗费几亿美元的成本，去合成几克的黄金，傻子才愿意。

星星才是点金大师

所以说，要想得到黄金，趁早打消人工合成的念头，去金矿提炼天然的黄金才是正途。

天然黄金是怎么得来的呢？当然是宇宙这个大熔炉在演化过程中逐渐炼成的。

《射雕英雄传》第二十六回，多才多艺的桃花岛主黄药师吟诵过一句汉赋："且夫天地为炉兮，造化为工；阴阳为炭兮，万物为铜。"宇宙是一个冶金高炉，造物主是一个冶金师傅，阴阳就像熊熊燃烧的火炭，万物就像炉中炼出的金属。

现代科学家听到这个伟大的比喻，一定会产生共鸣。

根据主流科学家认可的"宇宙大爆炸"理论，我们生活的这个宇宙诞生在 138 亿年前，最初只是一个点，温度超高，密度超大，没有时间，没有空间。不知道什么原因，这个点突然爆发了，炸出来比原子还小的高能粒子。这些粒子的速度接近光速，温度高达万亿度，在不到 1 秒的时间内，它们聚合成带正电的质子和不带电的中子，可能还会有带负电的电子。

大约 20 分钟后，质子和中子完成融合，构成致密的原子核，其中大部分形成氢原子，少部分形成氦原子，极微量形成锂原子。

原子是有质量的，有质量就会产生万有引力。在万有引力的作用下，一部分原子聚成一团，质量更大，吸引到更多的原子。随后越聚越快，越聚越多，直到聚成庞大的、以氢元素为主要成分的恒星。

恒星质量巨大，内部压力惊人，高压产生高温，使核心部位的氢原子发生核聚变反应，1个质子的氢演化出2个质子的氦，2个质子的氦演化出4个质子的铍，4个质子的铍演化出8个质子的氧……

核聚变的实际过程不可能这么简单，元素的演化不可能这么按部就班。恒星内部的元素如何演化，要看恒星的质量有多大。质量越大，万有引力的作用就越明显，恒星内部的压力就越强，温度就越高，就越能让更大的原子核发生聚变。

质量比太阳小10倍的恒星只能让氢聚变，产生氦。质量跟太阳差不多的恒星在完成氢聚变以后，还能让氦聚变，生成不稳定的铍和稳定的碳。碳再跟氦聚合，生成氧。至于质量比太阳大得多的恒星，聚变过程还能继续进行，生成氟、氖、钠、镁、铝、硅、磷、硫、氯、氩、钾、钙、钪、钛、钒、铬、铁等元素。

恒星内部聚变到达生成铁这个地步，就不会再往下进行了。铁是26号元素，离我们热爱的79号元素金还差着十万八千里，怎么就不往下聚变了呢？这要从原子核内部作用力的角度来解释：原子核内质子和中子之间同时存在电磁相互作用与强相互作用，当这两种作用力的代数和达到最小值的时候，原子核最稳定，而这两种相互作用达到最小值，恰好是在质量数为56的时候。铁的质量数（质子加中子的数目）就是56，所以铁不可能再聚变。

恒星大熔炉能合成的最大元素只能是铁，更大的元素是在超新星爆发时合成的。超新星爆发其实是某些恒星的"回光返照"：大质量恒星聚变到铁元素以后，内部再也没有元素可供聚变，向外爆发的能量自然会锐减，抵挡不住万有引力的内缩趋势，外层迅速向内坍塌，越来越快地撞向铁核，再被猛烈地反弹出去，从而产生强烈的大爆炸。

超新星爆发的能量释放速度远远超过恒星聚变，四处飘散的元素既能组成新的恒星，也能在超高能环境中繁衍出更重的元素。举例言之，超新星爆发喷射的中子击穿铁原子核，一些中子留下来，会转化成新的质子，使铁演化成质子数更多的铜元素、银元素、金元素、汞元素、铅元素……

黄金从何而来？答案非常明显：从宇宙大爆炸开始，从恒星大熔炉开始，从超新星爆发开始，从宇宙最初的那个点，逐步演化出铁和金，逐步繁衍出世间万物。

谁是真正的点金大师？答案也非常明显，不是牛顿，不是苏东坡，不是武侠世界的点穴名家，甚至也不是现代社会斥巨资建造的高能粒子加速器，只有宇宙本身，只有大自然本身，才配得上"点金大师"这个光荣称号。

那么好，请让我们敬畏宇宙，敬畏自然。

第
四
章

削铁如泥

金庸写过十几部武侠小说，塑造过几千名江湖人物。

这些人物似乎都遵循这样一个规律：武功越高，对兵器的依赖性就越低。

郭靖刚出道时武功不强，腰挎成吉思汗赐的金刀，怀揣长春真人赠的匕首。后来他学成降龙十八掌，练成九阴真经，再出场时就是空手了。

杨过刚出道时武功也不强，先使用绝情谷主的君子剑，再使用独孤求败的玄铁剑。等到他卓然成家、独步武林、自创黯然销魂掌以后，就很少再使刀弄剑了。

《倚天屠龙记》第三十六回，明教高手会斗少林高僧，金庸先生交代了一句："张无忌、杨逍、范遥平时临敌，均是空手，今日面对强敌，可不能托大不用兵刃。"可见武功高的人并非不用兵器，只是艺高人胆大，平日空手对敌绰绰有余，用不着使用兵器，到了生命攸关的危急关头，手里有兵器还是比没有强。

可能正是因为这个道理，江湖上对宝刀利剑的争夺从未停止过。是啊，高手得利器，恰如锦上添花；庸手得神兵，胜似雪中送炭。遥想当年，光明顶上，灭绝师太的武功并不比明教群雄高出多少，却能将后者杀得一败涂地，不就是凭着手中那把削铁如泥的倚天剑吗？怎能不令其他人羡慕嫉妒恨，必欲取之而甘心呢？

我们不是江湖人物，而是有科学素养的现代人，不会去争夺什么利器。即使有了争夺的念头，那也会事先琢磨一下——

那些所谓削铁如泥的宝刀宝剑，在这世上真的存在吗？如果存在，我们可不可以发扬艰苦奋斗、自力更生的革命精神，自己动手打造一把呢？

削铁如泥不是传说

首先声明，削铁如泥不是传说，江湖上有这种兵器，历史上有这种兵器，现在也有这种兵器。

《越女剑》开篇，吴越剑士一决胜负。

东首锦衫剑士队中走出一条身材魁梧的汉子，手提大剑。

这剑长逾五尺，剑身极厚，显然分量甚重。西首走出一名青衣剑士，中等身材，脸上尽是剑疤，东一道、西一道，少说也有十二三道，一张脸已无复人形，足见身经百战，不知已和人比过多少次剑了。二人先向王者屈膝致敬，然后转过身来，相向而立，躬身行礼。

青衣剑士站直身子，脸露狞笑。他一张脸本已十分丑陋，这么一笑，更显得说不出的难看。锦衫剑士见了他如鬼似魅的模样，不由得激灵灵打个冷战，呼的一声，吐了口长气，慢慢伸过左手，搭住剑柄。

青衣剑士突然一声狂叫，声如狼嗥，挺剑向对手急刺过去，锦衫剑士也是纵声大喝，提起大剑，对着他当头劈落。青衣剑士斜身闪开，长剑自左而右横削过去。那锦衫剑士双手使剑，一柄大剑舞得呼呼作响。这大剑少说也有五十来斤重，但他招数仍是迅捷之极。

　　两人一搭上手，顷刻间拆了三十来招，青衣剑士被他沉重的剑力压得不住倒退。站在大殿西首的五十余名锦衫剑士人人脸有喜色，眼见这场比试是赢定了。

　　只听得锦衫剑士一声大喝，声若雷震，大剑横扫过去。青衣剑士避无可避，提长剑奋力挡格。"嘡"一声响，双剑相交，半截大剑飞了出去，原来青衣剑士手中长剑锋利无比，竟将大剑斩为两截，那利剑跟着直划而下，将锦衫剑士自咽喉而至小腹，划了一道两尺来长的口子。锦衫剑士连声狂吼，扑倒在地。青衣剑士向地下魁梧的身形凝视片刻，这才还剑入鞘，屈膝向王者行礼，脸上掩不住得意之色。

　　《越女剑》的时代背景是春秋后期，中国还没有真正进入铁器时代，制造刀剑的材料主要是青铜，也就是铜锡合金或者铜锡铅合金。

　　纯铜较软，不适合造兵器，加入铅锡合金，硬度大幅度提升，是早期兵器的理想材料。将铜锡合金熔化，倒入模具，冷却，脱模，再反复锻打，可以兼顾硬度与柔韧性，制成的刀剑还是相当锋利的。但是用一把青铜剑去削另一把青铜剑，只会让两把剑同时崩口或者同时卷刃，想让一剑断开而另一把毫发无损，应该不现实。最多是其中一把剑的铜锡比例不合理，铸造温度不够高，锻打工艺不到位，崩口或者卷刃的程度比另一把剑更明显一些罢了。

　　不过中国是世界上最早掌握生铁冶炼技术的国家，早在商朝就学会从铁含量较高的陨石中冶炼出一些不太纯的铁和镍，然后将铁镍加热，打成薄刃，与青铜铸接，制成比普通青铜兵器更坚硬更锋利的兵器。

1972 年，河北藁城出土过一件商代铁刃铜钺，钺身用青铜铸造，钺刃用铁镍合金锻造。如果用这把钺去劈砍青铜剑，钺重剑轻，钺硬剑软，应该可以把剑劈成两截。很遗憾，这件铁刃铜钺是珍贵文物，没有人胆敢用它去劈剑。

地球上铜元素的含量远远低于铁元素，但是铜矿石的还原性比铁矿石强，先民们使用简陋的火炉，达到较低的温度，就能把铜从铜矿中还原出来。而如果想从普通铁矿石中得到铁，至少需要接近千度的高温。所以在铁器时代来临之前，在高温冶炼工艺出现之前，人类想要得到铁，只能从陨铁中寻找。

陨铁是陨石的一种，是从外太空降落在地球上的天赐瑰宝，因为铁含量极高，杂质极少，扔到炭火里烧一烧，神奇而宝贵的铁就出来了。又因为降落在地球上的陨铁极其罕见，所以铁在最初非常宝贵，能用铁造兵器，绝对是青铜时代最奢侈的事情。我们有理由猜测，早期用陨铁制造的兵器应该都是高级祭品，是人类回馈给天神的礼物，这些数量稀少的远古神兵蕴含的神秘意义很大，实战意义很小。

对于陨石这种天外来客，古人一向充满崇拜之情和敬畏之心，猜测它除了含铁，还会含有地球上不存在的某些神奇元素。古人进一步又认为，从陨石中提炼出的神奇元素，可以制造比铁刀铁剑更加神奇的兵器。例如《倚天屠龙记》中，杨逍父女拿来锁小昭的那根铁链，就是用"天上落下来的一颗古怪陨石"提炼的金属制造的，"其中所含金属质地不同于世间任何金铁"。还有漫威电影中的那位美国队长，他的盾牌是用宇宙中最坚硬的金属"振金"打造，而这种最坚硬的金属则来自降落在非洲小国瓦坎达的一颗陨石。该陨石的个头很大，可以提炼很多振金，不仅造出了美国队长的盾牌，还造出了金刚狼的钢爪，以及黑豹国王的盔甲。

事实上，陨石没有这么神奇。从远古时代到现在，落到人类世界的所有陨石中蕴含的元素，以及人类探测过的所有星球上蕴含的元素，都没有超越元素周期表的范围。凡是外太空有的元素，地球上也都有，只不过含量多少和比例大小有所区别罢了。换句话说，我们要想打造出削铁如泥的兵器，完全没必要求救于外太空，老老实实待在地球上想办法是最靠谱的。

抛开那件无法证实的商代文物铁刃铜钺不谈，地球人有没有造出真正削铁如泥的兵器呢？

现在把历史的指针往后拨，拨到距今不太久远的时代。

明朝抗倭名将戚继光说过："我兵短器难接，长器不捷，遭之者身多两断。"他的意思是，日本倭寇的宝刀非常锋利，可以砍断明军的短刀和长枪。

稍微往前追溯一下，宋朝大文豪欧阳修也称赞过日本刀。

昆夷道远不复通，世传切玉谁能穷？
宝刀近出日本国，越贾得之沧海东。
鱼皮装贴香木鞘，黄白间杂镍与铜。
百金传入好事手，佩服可以禳吉凶。

传说西域昆仑山出宝刀，可以切开坚硬的玉石，欧阳修没见过这种刀，但他见到了日本刀，刀鞘华贵，刀身精美，从日本进口到大宋，一把能卖一百两银子。

日本人进入铁器时代很晚，冶铁与锻造工艺完全是从中国学过去的，但是他们精益求精，后来居上，居然造出了更为精良的兵器。查《宋史》《元史》《明史》《清史稿》以及《乾隆实录》，从宋朝到清朝，日本人陆续将他们制造的精良刀剑进贡给中国帝王，帝王再将其赏赐给亲信大臣，颇受欢迎。要说这些兵器削铁如泥，略微涉嫌艺术夸张，但一次削断两把以上普通刀剑的记载，在我国文献中是可以见到的。例如清代笔记《北斋鉴录》写道："倭刀甚利，锋刃甚薄，截凡铁如断朽木。"一把看起来很薄的日本刀，砍削普通铁器就像砍木头一样。

笔者为了做实验，网购过一把日本短刀，售价只有几百元，刀长只有十几厘米，叫它"匕首"都嫌过分，绝对不属于武器之列。但我用它削断过直径半厘米的铁条：两根铁条并称一排，用这把小刀来回锯切，无需十分用力，就能削成四截。由此推想，那些售价更加昂贵、制作更加精良、刀身更加坚韧、刀刃更加锋利的日本武士刀，只要劈砍力度够大，肯定能砍断一根铁棍或者一把铁刀。

宝刀是怎样炼成的

世间宝刀并非只有日本武士刀一种，大马士革刀的名气也不亚于此。

大马士革是叙利亚的首都，但大马士革刀的产地却不限于叙利亚。古印度、古波斯、如今中亚地区的许多国家，都出产大马士革刀。

大马士革刀的外在特征，首先是非常锋利，其次是刀身遍布细小的锯齿状花纹，而且那些花纹并非人工雕刻，而是在锻造过程中自然结晶形成的。

据说这种刀得名于西欧基督教世界与东方阿拉伯世界之间爆发的长期战争：十字军东征。

江湖上传言，第三次十字军东征时期（1189—1192 年，大约就是郭靖的父亲郭啸天活着的时代），十字军的领袖狮心王查理与阿拉伯世界的领袖萨拉丁苏丹在大马士革会晤了。

萨拉丁从地上拿起一个填了羽绒的丝绸毯子，向狮心王喊话："我的兄弟，你的剑可以斩断这个毯子吗？"

"不行，肯定不行。"狮心王回答："世界上所有刀剑，即使它是亚瑟王之剑，也不能斩断一个没有固定支撑的东西。"

"那请你注意了。"萨拉丁苏丹卷起袖子，抽出佩刀，轻轻一划，那张毯子就分成了两半。

狮心王叫道：“你这是魔法！”

萨拉丁苏丹微微一笑，解下一直戴着的面纱，向空中扔去。面纱快要落地时，他再次抽出佩刀，刀背向下，刀锋向上，面纱经过刀锋，下落的速度毫不减缓，竟然也被切成了两半！

狮心王大惊失色：世间竟有如此锋利的宝刀，我们粗大笨重的重剑怎能抵挡？算了，看来只有退避三舍了。

于是乎，狮心王率领十字军黯然败退，一场大战就此平息。经此一役，大马士革刀的名声大振，吸引西方无数有识之士去探寻它如此锋利的奥秘。

刀要锋利，必须坚硬。纯金纯银和纯铜都不适合制刀，并非因为它们比铁贵，而是因为它们比铁软。很多朋友可能不知道，过去制造大马士革刀所用的铁，都是论斤出售，价格比铜和银贵多了，几乎赶得上黄金。

俄国诗人普希金曾经用拟人的修辞手法让黄金与铁这样对话。

金子说：一切都是我的。

铁说：一切都是我的。

金子说：我可以买到一切。

铁说：我可以夺到一切。

铁能夺走一切，黄金为什么不能呢？因为黄金无法制造锋利的刀剑。

铁从哪儿来？从陨铁中来，从铁矿中来。铁矿里的铁，主要是氧化铁（还有少量碳酸铁）。将铁从氧化铁中还原出来，需要冶炼。

　　世界各国的冶铁工艺都是从无到有，从劣到精的，我们中国也是如此。早期炼铁，炉温太低，杂质太多，只能炼出一块一块的铁疙瘩，内有细孔，除了含铁，还含有过多的碳和硫，今称"块炼铁"。块炼铁非常坚硬，但不适合制造刀剑。为啥？它太脆了，用力一碰，碎成一地铁渣。就像钻石，硬得很，划得破玻璃，钻得透岩石，可是经不起剧烈撞击。哪位朋友要是不信，不妨从爱人手上取下钻戒，用锤子狠狠砸一下，一下就行。

　　后来人们提高炉温，在块炼铁的基础上继续冶炼，得到生铁。生铁也很脆，虽然不像块炼铁那么脆，但仍然不适合制造刀剑，最多用来铸些锅铲和铁棍什么的。

　　冶炼工艺继续提升，人们对生铁再加工，脱碳，除渣，提纯，得到熟铁。熟铁的柔韧性和延展性非常优良，砸不断，掰不折，可惜又太软了。

　　生铁太脆，熟铁太软，怎么办？我们用什么制造趁手的兵器呢？幸好聪明的老祖宗在长期实践中发明出改进版的铁——钢。

　　元素周期表上没有钢，钢属于铁，它是含碳量刚刚好的铁。

　　材料化学家根据含碳量来区分生铁、熟铁和钢。含碳量大于2%的铁，是生铁；含碳量小于0.02%的铁，是熟铁；含碳量介于生铁和熟铁之间的铁，是钢。

　　钢比生铁软，比熟铁硬，它不软不硬，兼顾软硬，抗挤压，抗拉伸，塑性强，延展性好，还不容易生锈，是铁器时代最靠谱的兵器材料。

　　在炼钢这个比赛项目上，欧洲人落后很多。两千年前，中国就大量生产钢；五百年前，欧洲还没学会炼钢。中世纪欧洲士兵打仗，手持熟铁大剑，一剑劈过去，敌人倒了，剑也弯了，赶紧把剑平放到地上，弯下腰去。旁观者不明真相，以为这些士兵宅心仁厚，在为死去的敌人鞠躬祈祷，其实人家只是想把弄弯的剑踩直而已。

《倚天屠龙记》第十八回，武当派少掌门宋青书遇到劲敌，师叔殷梨亭飞身相助。

这时那青年书生（宋青书）已迭遇险招，嗤的一声，左手衣袖被殷无寿的单刀割去了一截。

殷梨亭一声清啸，长剑递出，指向殷无禄。殷无禄横刀便封，刀剑相交。

此时殷梨亭内力浑厚，已是非同小可，"啪"的一声，殷无禄的单刀震得陡然弯了过去，变成了一把曲尺。

殷无禄吃了一惊，向旁跃开三步。

读者诸君可以想见，殷无禄的单刀大概就像中世纪欧洲士兵的大剑，都是用熟铁铸的，否则遇敌还击时，不会弯这么厉害。

回过头来再说大马士革刀。狮心王查理见识到大马士革刀的锋利时，为何要退兵？因为他和他的士兵用的就是熟铁铸造的大剑，而大马士革刀则是用精钢锻造的宝刀。

钢跟钢可不一样，大马士革刀用的钢，堪称特种钢，性能优越，普通钢望尘莫及。

就制刀而言，普通钢肯定比熟铁硬，但还是软了那么一点点，刀身仍然会弯曲，刀锋仍然会卷刃。我国古人制刀，既用钢，也用生铁。比如说，刀背用钢，不易断裂；刀刃用生铁，不易卷刃。或者刀身用铁，外面包一层钢。或者刀身用钢，外面包一层铁。我国古人发明了"灌钢法""贴钢法""夹钢法"以及"渗碳钢法"，这些工艺的共同思想，其实都是把低碳的钢和高碳的铁结合起来，力求造出尽可能锋利尽可能耐用的兵器。

大马士革刀练的是另一门神功。

也不知道是古印度人还是古波斯人，抑或是小亚细亚地区的某位高手，发明出一种能耐高温的小型坩埚，黏土烧制，直径5厘米，高20厘米，厚6毫米。将初步冶炼的块炼铁或者生铁放入坩埚，掺入木片和新鲜树叶，再用黏土封住坩埚的口，送进鼓风炉，前后左右都是熊熊燃烧的木炭。木炭的燃烧温度并不太高，可是源源不断的热量进入坩埚以后，很少往外传递，结果就让坩埚内部的温度越来越高，直到把里面的铁熔为铁水。住火，开炉，取出坩埚，倒出铁水。铁水冷却后，锻打一番，再放入坩埚，再熔为铁水，再取出冷却，再锻打一番，再放入坩埚……如此循环往复，最终得到极其致密、极其精纯、含碳量高达2%的超高碳钢，后人叫它"乌兹钢"。

乌兹钢的物理性能和化学性能都非常好，坚硬而不脆，抗氧化能力极强。印度德里有一根6吨重的乌兹钢柱子，历经一千多年风雨，至今没有生锈。

制刀工匠买到一小坨一小坨的乌兹钢，重新加热，反复锻打，再经过淬火、打磨、抛光等工序，最后才有可能造成一把合格的大马士革刀。为什么要说"有可能"呢？因为无论多么高明、多么有经验的古代工匠，都无法精确控制冶炼和锻打过程中发生的每一步化学反应，而只要其中有一步失控，刀的质量就难以保证。

结构化学与郭靖变阵

造刀也好，造剑也好，造其他兵器也罢，一切钢铁材质的兵器生产，都要涉及化学这门伟大学科的多个分支，尤其会涉及结构化学——通过物质的微观结构，研究它们的宏观性能的一门化学。

我们知道，同是一种元素，仅仅因为结构不一样，就能形成性能上千差万别的物质，钢铁也是如此。

我们还知道，所有钢铁都包含大量的铁原子和少量的碳原子，这些原子相互结合，排布有序，在不同的温度下自动形成不同的结构，进而让钢铁制品表现出不同的性能。

打个比方，铁和碳的原子就像一群训练有素的士兵，温度就像它们的指挥官。指挥官发出号令，它们随之变换阵列，依次组成长蛇阵、蟠龙阵、簸箕阵、口袋阵、四象阵、五行阵、六合阵、八卦阵……每一次阵法变幻，都是为了达成不同的战斗效果。

《射雕英雄传》第三十六回，蒙古王子术赤与察合台内讧，郭靖率军阻止，他的兵少，但他指挥巧妙。

　　郭靖令中军点鼓三通，号角声响，前阵发喊，向东北方冲去。驰出数里，哨探报道，大王子和二王子的亲军两阵对圆，已在厮杀，只听嗬呼、嗬呼之声已然响起。郭靖心中焦急："只怕我来迟了一步，这场大祸终于阻止不了。"

忙挥手发令，万人队的右后天轴三队冲上前去，右后地轴三队列后为尾，右后天冲，右后地冲，西北风，东北风各队居右列阵，左军相应各队居左，随着郭靖军中大纛，布成蛇蟠之阵，向前猛冲过去。

术赤与察合台属下各有二万余人，正手舞长刀接战，郭靖这蛇蟠阵突然自中间疾驰而至，军容严整。两军一怔之下，微见散乱。只听得察合台扬声大呼："是谁？是谁？是助我呢，还是来助术赤那辛种？"郭靖不理，令旗挥动，各队旋转，蛇蟠阵登时化为虎翼阵，阵面向左，右前天冲四队居为前首，其余各队从察合台军两侧包抄了上来。

察合台这时已看清楚是郭靖旗号，高声怒骂："我早知贼南蛮不是好人！"

下令向郭靖军冲杀。但那虎翼阵变化精微，两翼威力极盛，乃当年韩信在垓下大破项羽时所创。兵法云："十则围之。"本来须有十倍兵力，方能包围敌军，但此阵极尽变幻，竟能以少围多。

察合台的部众见郭靖一小队一小队纵横来去，不知有多少人马，心中各存疑惧。片刻之间，察合台的二万十人已被割裂阻隔，左右不能相救。他们与术赤军相战之时，斗志原本极弱，一来对手都是族人，大半交好相识，二来又怕大汗责骂，这时被郭靖军冲得乱成一团，更是无心拼斗，只听得郭靖中军人声叫道。"咱们都是蒙古兄弟，不许自相残杀。快抛下刀枪弓箭，免得大汗责打斩首。"众将士正合心意，纷纷下马，投弃武器。

察合台领着千余亲信，向郭靖中军猛冲，只听三声锣响，八队兵马从八方围到，霎时地下尽都布了绊马索，千余人一一跌下马来。那八队人四五人服侍一个，将察合台的辛信掀在地下，都用绳索反手缚了。

术赤见郭靖挥军击溃了察合台，不由得又惊又喜，正要上前叙话，突听号角声响，郭靖前队变后队，后队变前队，四下里围了上来，术赤久经阵战，但见了这等阵仗，也是惊疑不已，急忙喝令拒战，却见郭靖的万人队分作十二小队，本向前冲，反向后退。术赤更是奇怪，哪知道这十二队分为大黑子、破敌丑、左突寅、青蛇卯、摧凶辰、前冲巳、大赤午、先锋未、右击申、白云酉，决胜戌、后卫亥，接着十二时辰，奇正互变，奔驰来去。十二队阵法倒转，或右军左冲，或左军右击，一番冲击，术赤军立时散乱。一顿饭工夫，术赤也是军溃被擒。

我们可以将这场精彩战役想象成兵器制造，郭靖是能工巧匠，部属是铁碳原子，他凭借丰富的经验、精湛的工艺和扎实的化学功底，得心应手地改变着晶体结构，成功打造出一把把利器，顺利击溃察合台与术赤这两大强敌。

在钢铁内部，铁原子和碳原子经常排列成两种基本队形。

第一，每九个原子组成一小队，在三维空间中构成一个规整的立方体，其中八个原子分别占据立方体的八个顶角，剩余一个原子藏在立方体的几何中心。

第二，每十四个原子组成一小队，也在三维空间中构成一个规整的立方体，其中八个原子分别占据立方体的八个顶角，剩余六个原子分别贴在立方体的六个面上。

前一种队形叫做"体心立方结构"，后一种队形叫做"面心立方结构"。

铁原子和碳原子的比例不一，在温度和压力的作用下，数量不等地插入体心立方结构或面心立方结构，形成更多类型的晶体结构，例如"铁素体""碳素体""渗碳体""珠光体""奥氏体""索氏体""贝氏体""马氏体"……

用尿和血来淬火

概略来讲，铁素体中插队的碳极少，接近纯铁，硬度很差，塑性很强，太软。渗碳体中插队的碳极多，硬度很高，塑性很弱，太脆。奥氏体则是只能在高温状态下存在的结构，温度下降后，能转化为马氏体。马氏体硬度很高，同时还保留了强大的韧性、塑性和延展性。

我们要制造削铁如泥的利器，什么样的结构最合适？答案非常明显：马氏体。

不过每一块钢铁都不可能只有一种纯粹的结构，往往是既有铁素体，又有渗碳体，既有屈氏体，又有马氏体。为了得到尽可能纯粹的马氏体，需要掌握精确可靠的热处理工艺。

所谓热处理，就是对材料进行加热、保温、冷却的过程。

夹起一块铁坯，放到火炭上去烧，这是加热。

将这块铁烧透，烧到通红，这是保温。

抡起铁锤，锻打铁坯，啪、啪、啪、火花四溅，渐渐打出刀剑的形状。离火，入水，刺啦一声，热气升腾，刀剑在水中迅速变色，这是冷却。

冷却又可以分成四道基本工艺：退火、正火、淬火、回火。

将炉温下降，使材料温度从千度左右逐渐降到六七百度，这叫退火。

让退过火的材料离开火炉，放到空气中缓慢冷却，这叫止火。

将退过火的材料放到冷水里，或者直接将烧得通红的材料放到冷水里，让它迅速降到常温以下，这叫淬火。

把淬过火的材料再加热到一定程度，然后再冷却，这叫回火。

退火、正火、淬火、回火，并称"热处理工艺四把火"。有了这四把火，才有可能将铁素体、渗碳体、奥氏体、屈氏体、贝氏体等结构，变成我们最想要的马氏体结构，最终打造出削铁如泥并且精巧耐用的兵器。

我们看武侠小说或者武侠电影，工匠们孔武有力，挥汗如雨，左手持钳，右手抡锤，迅速把通体透红的坯料打成通体透红的宝剑，待器形初成，直接插到水中淬火，再捞出来，就是一把宝剑，寒如水，冷如冰，映日一照，霞光万道……这些画面看起来很酷，但是绝对造不出宝剑——坯料在传统碳炉上加热不均，奥氏体发育不完全，原子结构不规整，内外应力不均衡，倘若直接淬火，只能得到少量马氏体，容易开裂变形。

事实上，仅仅是淬火这一项，都有非常多的讲究。

比如说你想打一把背厚刃薄、越靠近刀鞘越窄、越靠近刀头越宽的斩马刀，首先得降低刀背的脆性，提高刀刃的刚性，刀身的不同部位需要拥有不同的性能，那就必须来一个局部分级淬火，先给刀刃淬火，再给刀背淬火，不能一下子扔到水里。

日本武士刀是在我国唐朝的横刀基础上研制出来的，横刀最讲究局部淬火：刀背上覆盖泥土，只往刀刃上泼水，这样才能让刀背足够坚硬，刀刃足够锋利。日本人打造武士刀，也是用沙子盖住不需要淬火或者稍后才能淬火的部位。

另外必须说明的是，淬火不仅仅用水，有时候还要用油，用盐水，用碱水，用酱汁，甚至还会用到尿。

南北朝时，北朝官员綦毋怀文是一位制刀大师，他发明了一种今天看起来很奇葩的淬火方法："以柔铁为刀脊，浴以五牲之尿，淬以五牲之脂。"用熟铁作为刀背的坯料，烧红，锻造，先用五种动物的尿液淬火，再用五种动物的油脂淬火。

尿液的主要成分是水，水的冷却速度快；油脂的主要成分是脂肪，脂肪的冷却速度慢。将高温下的奥氏体放进水里迅速降温，转化为一部分马氏体，并残余少量的碳素体，内外应力不均衡，容易走形；再把尚未完全转化的奥氏体放进油里缓慢降温，使马氏体继续发育，减小应力差，可以防止走形与开裂。

尿中含有少量的盐，尿液其实就是浓度很低的盐溶液，盐溶液与纯水相比，冷却速度更快，这大概就是綦毋怀文用尿淬火的原因吧？但是尿并非纯净的盐溶液，它还含有其他略带腐蚀性的杂质，会加速刀剑的氧化，降低刀剑的品质。

就算尿这种东西特别神奇，含有某种至今尚未被科学家检测出来的物质，能让刀剑更加锋利，那也用不着非要采集五种动物的尿。现在推想起来，綦毋怀文莫非是想用五种动物来暗合五行？如果是那样，那他就不是科学家，而是一个在长期实践中碰巧总结出淬火诀窍的巫师，就像那些在长期炼丹中碰巧发现火药配方的道家术士一样。

在武侠世界，巫师与工匠常常同属一体，密不可分。大家还记得《倚天屠龙记》第三十九回中，明教锐金旗掌旗使吴劲草是怎么淬火的吗？

吴劲草向张无忌道："教主放心，辛兄弟的烈火虽然厉害，却损不了圣火令分毫。"

辛然心中却有些惴惴，道："我尽力搧火，若是烧坏了本教圣物，我可吃罪不起。"吴劲草微笑道："量你也没这等能耐，一切由我担待。"于是将两枚圣火令夹住半截屠龙刀，然后取过一把新钢钳，挟住两枚圣火令，将宝刀放入炉火再烧。

烈焰越冲越高，直烧了大半个时辰，眼看吴劲草、辛然、烈火旗副使三人在烈火烤炙之下，越来越是神情委顿，渐渐要支持不住。

铁冠道人张中向周颠使个眼色，左手轮挥，两人抢上接替辛然与烈火旗副使，用力扯动风箱。张周二人的内力比之那二人可又高得多了，炉中笔直一条白色火焰腾空而起。

吴劲草突然喝道："顾兄弟，动手！"锐金旗掌旗副使手持利刃，奔到炉旁，白光一闪，挺刀便向吴劲草胸口刺去。旁观群雄无不失色，齐声惊呼。吴劲草赤裸裸的胸膛上鲜血射出，一滴滴地落在屠龙刀上，血液遇热，立化青烟袅袅冒起。

吴劲草大叫："成了！"退了数步，一跤坐在地下，右手中握着一柄黑沉沉的大刀，那屠龙刀的两段刀身已镶在一起。

众人这才明白，原来铸造刀剑的大匠每逢铸器不成，往往滴血刃内，古时干将莫邪夫妇甚至自身跳入炉内，才铸成无上利器。吴劲草此举，可说是古代大匠的遗风了。

张无忌忙扶起吴劲草，察看他伤口，见这一刀入肉甚浅，并无大碍，当下将金创药替他敷上，包扎了伤口，说道："吴兄何必如此？此刀能否续上，无足轻重，却让吴兄吃了这许多苦。"吴劲草道："皮肉小伤，算得什么？倒让教主操心了。"

　　站起身来，提起屠龙刀一看，只见接续处天衣无缝，只隐隐有一条血痕，不禁十分得意。

　　张无忌看那两枚入炉烧过的圣火令果然丝毫无损，接过屠龙刀来，往两根从元兵手中抢来的长矛上砍去，"嗤"一声轻响，双矛应手而断，端的是削铁如泥。

　　群雄大声欢呼，均赞："好刀！好刀！"

　　名震江湖的屠龙刀断成两截，吴劲草想把它接续完整，用的是铸接之法：将两截刀身部分拼贴，高温加热，结合处进入熔融状态，铁碳原子剧烈运动，你钻进我的晶体阵列，我钻进你的晶体阵列，你中有我，我中有你，即可牢固连接。

牢固连接后，还要淬火，才能把奥氏体转化为马氏体。吴劲草给屠龙刀淬火，没有用水，没有用油，也没有用五种动物的尿，用的是他自己的血。

有人说，血里有水，同时还有少量的碳元素，用血淬火，既能让奥氏体变成马氏体，又能少量碳原子进入刀身表层的晶体阵列，形成非常坚硬的渗碳体。这个解释是否科学呢？我请教过专业人士，人家表示没听说过。

反正我觉得，"铸造刀剑的大匠每逢铸器不成，往往滴血刃内，古时干将莫邪夫妇甚至自身跳入炉内，才铸成无上利器。"类似这样的做法就跟祭祀一样，画面很美，仪式感很强，气氛很悲壮，科技含量近乎为零。

人文知识丰富而科学素养缺乏的朋友，常常感慨今不如昔。他们说，某某兵器在几百年前打造，今天依然锋芒不减，不像现在的水果刀，沾水就生锈。他们说，某某瓷器色泽艳丽，现在的颜料无法复现，科学家们至今都没有探索出其中奥秘。他们还说，某某巨石阵，某某金字塔，工程浩大，体量惊人，古人竟然能建造出来，说明当时出现过现代人无法掌握的技术，又或许是被外星智慧开了挂。

尊重古人，尊重历史，尊重人类以往的伟大创造，是应该的，也是必要的，这样可以让我们少走弯路，避免把古人已经发现的很多规律重新再发现一遍，把历史上早就发明过的很多东西重新再发明一遍。

但是在科技领域，我们早就把古人甩到了尘埃里，现代科技不知道比古代强出多少倍，中间的差别何止是屠龙刀、倚天剑与破铜烂铁之间的差别！现代的冶铁技术、锻钢技术、淬火技术，以及所有与兵器制造相关的科学知识，都已经达到古人做梦都想不到的精密水平。现在我们不但能复原出日本武士刀，也能复原出大马士革刀，而且用料更科学，成本更节省，出产更高效，残缺更稀少。

要知道，古人想造出一把真正削铁如泥的宝刀宝剑，需要到处寻觅好矿石，多方求购好钢铁，最有经验的大匠出马，也要经年累月，在扔掉无数把残次品之后，才能碰巧造出一把。说好听点儿，这叫"工匠精神"。说难听点儿，这叫铺张浪费。浪费什么？当然是浪费时间、原料、能源，还有健康。您想啊，天天对着炉子，溅着铁花，吸着煤气，长期进行着高强度的多重复劳动，尘肺、腰肌劳损、颈椎病、腰椎间盘突出，发生概率还会低吗？

你不能从超市里随便买一把菜刀，去跟千百年前帝王御用的宝刀相比。后者在刀剑江湖中占比太低，不能代表古代的整体水平，而前者则是在成本计算、定价估算、利润分析、工程实现等因素制约之下，面对大众批量生产的普通商品。

怎样在圣火令上刻花

继续看《倚天屠龙记》第三十九回。

赵敏忽道："无忌哥哥，那些圣火令不是连屠龙刀也砍不动么？"张无忌道："啊，是了！"六枚圣火令中一枚已交于说不得下山调兵，尚有五枚，他从怀中取出，交给吴劲草道："刀剑不能复原，那也罢了。圣火令是本教至宝，可不能损毁。"

吴劲草道："是！"躬身接过，见五枚圣火令非金非铁，坚硬无比，在手中掂了掂斤两，低头沉思。

张无忌道："若无把握，不必冒险。"吴劲草不答，隔了一会，才从沉思中醒转，说道："属下多有不是，请教主原宥。这圣火令乃用白金玄铁混合金刚砂等物铸就，烈火绝不能熔。属下大是疑惑，不知当年如何铸成，真乃匪夷所思，一时想出了神。"

赵敏向张无忌横了一眼，抿嘴笑道："日后教主要去波斯，去会见一位要紧人物，那时你可随同前去，向他们的高手匠人请教。"张无忌忸怩道："我去波斯干什么？"赵敏微笑道："大家心照不宣。"又向吴劲草道："你瞧，圣火令上还刻得有花纹文字，以屠龙刀、倚天剑之利，尚且不能损它分毫，这些花纹文字又用什么家伙刻上去的？"

吴劲草道："要刻花纹文字，却倒不难。那是在圣火令上遍涂白蜡，在蜡上雕以花纹文字，然后注以烈性酸液，以数月功夫，慢慢腐蚀。待得刮去白蜡，花纹文字便刻成了。"

吴劲草铸接屠龙刀，最初是用两把铁钳夹紧，铁钳熔点不高，被烈火烧成两团废铁，于是改用圣火令。根据吴劲草的分析结果，"圣火令乃用白金玄铁混合金刚砂等物铸就，烈火绝不能熔。"

仔细想想，吴旗使的分析存在逻辑漏洞——既然圣火令不能被烈火熔化，那它当初是怎么"铸就"的呢？要知道，"铸"与"锻"可不一样。锻是利用高温来降低硬度，趁机敲打出想要的器形；铸是利用更高的高温，直接将金属熔成液态，浇入模具而成型。圣火令不能被烈火熔化，就不能浇入模具，何谈"铸就"？除非使用钢厂的三相电弧炉，但是那时候可没有这种高科技设备。

吴劲草的逻辑漏洞，其实正是金庸先生的逻辑漏洞。笔者估计，金庸先生创作《倚天屠龙记》时，可能并不清楚铸与锻的区别。

不过金庸通过吴劲草之口，说出的那条给圣火令刻花的方法，却是相当科学。

圣火令坚硬无比，它的硬度肯定超过屠龙刀和倚天剑的硬度。因为当我们讨论"硬度"这个指标时，指的就是一种物质相对另一种物质的坚硬程度。如果甲物质比乙物质硬，那么甲物质就可以在乙物质上刻出印痕；如果乙物质比甲物质硬，那么乙物质就能在甲物质上刻出印痕。屠龙刀和倚天剑不能损伤圣火令分毫，说明硬度不如圣火令，这两大利器不能给圣火令刻花，圣火令或许能给这两大利器刻花。

对于高硬度物质，物理方法刻不动时，就该化学方法上阵了。幕府时代，日本人想在武士刀上弄出花纹，同时代的中国人想在绣春刀（明代锦衣卫的标准装备）弄出花纹，都是用弱酸性的铅酸盐溶液涂抹刀身，让金属表面跟铅酸盐溶液发生氧化还原反应，从而产生细密的纹路。

跟倭刀和绣春刀相比，圣火令的硬度更大，化学稳定性更好，对铅酸盐溶液没感觉，只能"注以烈性酸液"。这里的"烈性酸液"，想必是硫酸、硝酸、氢氟酸、高氯酸、三氟甲磺酸之类，可以破坏大多数金属的晶体结构，在钢铁甚至玻璃的表面留下明显的印痕或孔洞。另一方面，很多强酸都不跟塑料和石蜡反应，所以能用塑料瓶盛放，能用石蜡隔绝它们的强氧化作用。

假如你想在玻璃上写出自己的名字，最趁手的武器肯定不是玻璃刀，那会让你的字迹歪歪斜斜，深浅不一，非常难看。你该怎么做呢？买一块石蜡和一瓶氢氟酸，将石蜡熔化，把玻璃涂匀，用雕刻刀、螺丝刀或者一只普通钢笔刻出名字，再用氢氟酸在刻过字的石蜡上刷一遍。稍等片刻，洗去石蜡，玻璃上已然显现出文字，这是因为氢氟酸迅速腐蚀了玻璃板上没被石蜡保护的部位。金庸先生所说的为圣火令刻花的方法，正是这种方法。

我们通常说的不锈钢，是铁、铬、镍的合金，这种合金比制造大马士革刀的超高碳钢还要稳定，在空气中几乎永远不会生锈，但它也怕强酸。普通型号的不锈钢，遇到氢氟酸和高氯酸时，指定被氧化，瞬间冒出缕缕青烟。

有没有不被强酸氧化的钢材呢？应该是有的。在钢铁中加入大量的铬和少量的钼、钒、铜、锰、氮等元素，经过复杂的热处理，即得到能耐部分强酸的耐酸钢。

耐酸钢是合金，不锈钢也是合金，包括普通的钢，理论上也是合金（钢是铁碳合金）。跟单一金属相比，合金的晶体结构更复杂，更稳固，性能更好。吴劲草不是说吗？"圣火令乃用白金玄铁混合金刚砂等物铸就。"可见圣火令也是合金。假如单用白金，单用玄铁，单用金刚砂，恐怕都造不出如此坚硬如此耐火的特种材料。

金刚石是由单一碳元素构成的最坚硬的同素异形体，但是跟某些合金比硬度，它只能灰头土脸地败下阵去。举例言之，有一种结构特殊的氮化硼合金（超细纳米孪晶结构立方氮化硼），硬度已经超过了金刚石。我们生活当中还会用到一种结构简单的碳化钨合金，硬度虽然不如金刚石，但比金刚石更坚韧，更便宜。用碳化钨制成的雕刻刀划玻璃，胜过用金刚石制成的玻璃刀；用碳化钨制成的钻头搞勘探，胜过用金刚石制成的钻头。

现在依然畅销世界的瑞士军刀、日本武士刀、大马士革刀，以及医院里的手术刀、雕刻家的雕刻刀、特种兵装备的匕首和飞刀，无一不用合金制造。

让裘千仞去掰记忆合金

合金表现出来的性能非常出色，有的超坚硬，有的超耐高温，有的超耐腐蚀，有的超有弹性，有的密度超小，但强度超大。

还有一类合金，居然具有神奇的记忆能力。

1969 年 7 月，美国宇航员阿姆斯特朗登上月球，说出那句世界名言："这是我个人的一小步，却是人类的一大步。"当时这句名言是通过一架抛物面形状的天线传到地球上来的。

那架天线很大，宇宙飞船放不进去，为了节省空间，美国宇航局先在地面上用镍钛合金造出巨大的抛物面造型，然后在低温环境下压成一个体积只剩原来千分之一的小圆球，装进宇宙飞船。阿姆斯特朗登月后，取出那个小圆球，让太阳光照射。阳光慢慢提升温度，合金开始舒展身姿，一个小小的圆球，很快恢复本来面目，变回那架巨大的天线。

像镍钛合金这样，能在加热升温后完全消除其在较低温度下发生的变形，恢复原始形状的合金材料，被称为"形状记忆合金"，简称"记忆合金"。

现在人们已经发现一百多种记忆合金，包括镍钛合金、金铬合金、铜镍合金、铜铝合金、铜锌合金、铁锰合金、钛镍铜合金、钛镍铁合金、钛镍铬合金等。其中一些合金低温下变形，加热后复原，再降温后不再变形，属于"单程记忆合金"；还有的合金低温下变形，加热后复原，再降温后又能回到低温下的形态，属于"双程记忆合金"。

记忆合金能"记住"它在某个温度区间的本来面目，仍然是微观结构在起作用。

前文提到过奥氏体和马氏体，铁碳原子在高温时排列成奥氏体结构，在冷却后排列成马氏体结构，再给马氏体提供高温，它又变回奥氏体结构。某些合金的晶体结构也是这样变化的，并且更加神奇：高温时是奥氏体，低温时变成热弹性马氏体；或者低温时是变形马氏体，高温时变回奥氏体。这些晶体结构的变化表现在宏观上，就是我们看到的形状记忆效应。

记忆合金应用广泛，眼镜架、牙托的金属线、汽车的保险杠，都可以用记忆合金制造。举个例子，将来某一天，您开着一辆用记忆合金打造的汽车上街，不小心跟人撞了，保险杠内凹，引擎盖外凸，车门严重走形。您不用忧伤，不用着急，不用钣金，不用烤漆，把车开到炎炎烈日下晒一晒，咦，它居然自动恢复原状，就跟没撞时一样完美。

《射雕英雄传》第二十七回，铁掌帮帮主裘千仞会斗丐帮长老。

裘千仞左手握住钢杖杖头，右手握住杖尾，哈哈一声长笑，双手暗运劲力，大喝一声，要将钢杖折为两截。哪知简长老这钢杖千炼百锤，极是坚韧，这一下竟没折断，只是被他两膀神力拗得弯了下来。裘千仞劲力不收，那钢杖慢慢弯转，拗成了弧形。群丐又惊又怒，忽见他左臂后缩，随即向前挥出，那弧形钢杖倏地飞向空中，急向对面山石射去，"铮"一声巨响，杖头直插入山石之中，钢石相击之声，嗡嗡然良久方息。他显了这手功夫，群丐固然个个惊服，黄蓉更是骇异，心道："这老儿明明是个没本事的大骗子，怎的忽然变得如此厉害？多半是他跟杨康、简长老串通了，又搞什么诡计，这钢杖之中定然另有古怪。"

按照金庸先生本来的意思，简长老的钢杖弯而不折，是因为做工好，晶体结构可能是低碳的铁素体和马氏体，不可能是高碳的碳素体和渗碳体。裘千仞能掰弯简长老的钢杖，则是因为内力强，双臂一使劲，至少千斤之力。

现在我们换个思路，裘千仞的力气没那么大，他如何才能在众人面前展现出掰弯一根钢杖的"神力"呢？我觉得用记忆合金就可以做到。

假定裘千仞跟简长老串通好，用某种特殊的记忆合金为简长老打造一根钢杖（合金钢也是钢），并保证这根钢杖在高温时呈现弯曲形态，在常温时呈现平直形态。然后二人装模作样地比武，简长老装作被裘千仞夺走钢杖，裘千仞则对钢杖进行加热，一旦加热到临界温度，那根钢杖自己就弯了，完全不用使劲去掰。

有的朋友可能会问："裘千仞身边又没有火炉之类的加热设备，怎么能把钢杖加热到临界温度呢？"放心，他练的是铁砂掌，铁砂掌是可以用来给物体加热的。

《射雕英雄传》里不是有这样两段描写吗？

杨康喝道："鲁长老不得对贵客无礼！"鲁有脚听得帮主呼喝，当即退了两步。裘千仞却毫不容情，双手犹似两把铁钳，往他咽喉扼来。鲁有脚暗暗心惊，翻身后退，只听得敌人"嘿"的一声，自己双手已落入他掌握之中。

鲁有脚身经百战，虽败不乱，用力上提没能将敌人身子挪动，立时一个头锤往他肚上撞去。他自小练就铜锤铁头之功，一头能在墙上撞个窟窿。某次与丐帮兄弟赌赛，和一头大雄牛角力，两头相撞，他脑袋丝毫无损，雄牛却晕了过去，现下这一撞纵然不能伤了敌人，但双手必可脱出他的掌握，哪知头顶刚与敌人肚腹相接，立觉相触处柔若无物，宛似撞入了一堆棉花之中，心知不妙，急忙后缩，敌人的肚腹竟也跟随过来。鲁有脚用力挣扎，裘千仞那肚皮却有极大吸力，牢牢将他脑袋吸住，惊惶之中只觉脑门渐渐发烫，同时双手也似落入了一只熔炉之中，既痛且热。

鲁有脚被裘千仞的双手抓住双手，被裘千仞的肚皮吸住脑袋，感到脑门渐渐发烫，同时双手也像放在火炉上一样又痛又热。这说明什么问题？说明裘千仞不但能用铁砂掌加热，还能用肚皮加热，将一根用记忆合金打造的钢杖放到他的肚皮上，可能也会慢慢变弯。黄蓉看到这一奇景，肯定会更加骇异，以为裘千仞在玩魔术。

讲到这里，还是让我们用著名科普作家阿瑟·C.克拉克的名言做总结吧："任何一项先进的科技，都能呈现神奇的魔术效果。"

第五章

三花聚顶

当红小花旦杨颖主演过一部武侠电影，片名是《太极1：从零开始》。

在这部片子里，杨颖饰演陈家拳掌门人陈长兴的女儿陈玉娘，另一位主角袁晓超饰演陈玉娘的男朋友杨露禅。

话说这位杨露禅，骨骼清奇，天赋异禀，拥有一门神奇的功夫：三花聚顶。

"三花聚顶"是道教术语，"三花"指三种精华：精、气、神。如果这三种精华聚集到玄关一窍，人就会变得非常精神，容光焕发，光芒四射，脱胎换骨，超凡入圣。至于精、气、神到底有什么区别呢？玄关一窍究竟在哪儿呢？对不起，那些修炼道家神功的高手们知道，我们不知道。你要是请教那些高手，他们未必说。就算是说了，你也未必懂。科学是可以让人懂的，而神功不可以，否则显不出神功的高深莫测。

武侠电影里的三花聚顶倒比较容易懂，因为导演把它给具象化了。具体表现形式是，当天生就有三花聚顶神功的青年高手杨露禅一发威的时候，他的脑袋上就会突然长出一只小小的犄角，宛如小青龙附体；然后两只眼睛射出两道白光，仿佛装了氙气大灯；再然后，他的功力陡然提升好几个数量级，威猛无比，杀性大起，神挡杀神，佛挡杀佛。

　　明明是三花聚顶啊，脑袋上怎么只长出一只角，另外两只哪去了呢？我估摸着，导演可能把另外两只角给演绎了一下，演绎成了那两只闪闪发光的眼睛。一只角再加两只眼，都在脑袋上长着，可不就是三花聚顶嘛！

　　电影是艺术，故事好看，镜头好看，观众买账就行，不能太较真。那么，现在我们抛开好看的武侠电影，翻开好看的武侠小说。

　　武侠小说里也是有三花聚顶的，不过下面我们要探讨的已经不是神功了，而是三种神奇的花。

　　哪三种花？

　　霸王花、魔鬼花、情花。

霸王花的毒

温瑞安《四大名捕走龙蛇》描写了霸王花。

霸王花名字霸气，样子却很漂亮，温瑞安是这么描写的。

这时夕阳西下，晚照余霞，映得四外清明，这幽谷上空倦鸟飞还，四处峰峦插云，峭壁参天，山环水抱，严壑幽奇，最美的是远处一处飞瀑，霞蔚云蒸，隐隐冒出烟气，竟是雪玉无声的，敢情是高山上的冰至此融化成瀑，所以特别亲近。

只见残霞映在花上，一片金海，加上蝉鸣和了，鸟声啁啾，令人意远神游。

却在这时，那朵朵金花，犹似小童手臂一般，花瓣俱往内卷收了回去，由于花向蕾里收的过程相当的快，肉眼居然可以亲见这些花一齐收成了蕾，又像一同凋谢了一般。

这花开时美得不可逼观，一齐盛放，绚烂至极，谢时却同时凋收，仿佛可以听到残花泣泪之声。

温瑞安是诗人出身，文字功夫了得，写景状物极有诗意。那金色的花瓣，在夕阳下尽情绽放，汇成一片金色的海洋。待到夕阳落下，霸王花的花瓣突然往里卷起，瞬息之间消失不见，黄金海岸退潮了，只剩下满地光秃秃的花枝，真是奇妙。

白天开放，傍晚凋谢，所以某江湖女侠在目睹这一奇景之后，当即给霸王花取了很贴切的别名：开谢花。

如此奇妙的花卉，究竟是谁种植的呢？他叫赵艳侠，既是富可帝国的豪门公子，又是深藏不露的武林高手，更是野心勃勃的阴谋家。

国内本无霸王花，赵艳侠费尽九牛二虎之力从印度引进，精心培植，大面积种植，可不是为了观赏，他是想利用霸王花的猛烈药性，将中原武林一网打尽，让各门各派都臣服在他的脚下。

赵艳侠向他的同谋者透露过霸王花的药性："它的花汁绝对可以使人丧失神志，只要一滴花汁，便可以使饮用一口井水的所有人中毒。而只要搽上用霸王花翠叶熬成的汁，涂在身上，自然有一股香味，中毒的人就会迷迷痴痴，全听有香味者的指令吩咐，叫他上刀山下油锅，也不会抗命。"

更加神奇的是，霸王花的花根又可以制成解药——将花根晒干磨粉，给中了霸王花之毒的人服下，毒性迎刃而解，神志当场复原。

按照赵艳侠的计划，他要将霸王花批量收割，熬成毒汁，洒到水源里，让不服从他的号令的武林人士集体丧失心智，成为他永远的奴隶。如果他自己或者他的亲信不慎中招，还可以随时用花根解毒。

他还用蚊子做过试验：让公蚊子吸取霸王花的汁液，再跟母蚊子交配，然后把母蚊子放出去，叮咬附近的村民。结果呢，凡是被叮咬过的村民都疯了，有的咬死了自己的父亲，有的咬死了自己的老婆，可见毒性有多么强烈。

可惜人算不如天算，赵艳侠的宏伟蓝图尚未真正实施，就被四大名捕的老三追命和老四冷血揭穿了阴谋。

追命打不过赵艳侠，受伤了；冷血更打不过赵艳侠，也受伤了；冷血的朋友神剑萧亮跑来帮忙，被赵艳侠用十七节三棱钢鞭劈碎了头顶。在此危急关头，一只蚊子飞了过来。

萧亮落下，鲜血已遍洒他的脸孔。

赵燕侠落地，但因腿伤无法再跃起。

就在这时候，他突然在自己脸颊上，啪地打了一掌，原来有一只蚊子，竟在这个时候，叮了他一口。

他开始还不觉什么，但这一叮之痛，非比寻常，整张脸都火辣辣像焚烧起来一般！

赵燕侠此惊非同小可，想勉力起身应敌，忽觉脸上像浸在熔岩里搅和一般，全身血液都变成了熔浆，他狂呼道："蚊子，那蚊子——"

螫他一口的蚊子，当然就是那三只放出来吓走大蚊里村民的三只有毒蚊子之一。

这只蚊子已被他一掌打死了，可是赵燕侠现在的情形，只怕比死更惨。

冷血微叹，出手结束了半疯狂状态的赵燕侠之生命。

一只小小的蚊子，轻轻地叮咬一口，居然就能让一个绝顶高手立刻陷入癫狂状态，难道是因为蚊子的毒性吗？错，那是因为霸王花的毒性。

魔鬼花的毒

霸王花出自新派武侠小说家温瑞安的笔下，魔鬼花出自老派武侠小说家梁羽生的笔下。

当然，梁羽生也是新派武侠小说家，并且还是新派武侠小说的开山鼻祖，但是跟出道较晚、笔法古怪的温瑞安相比，他只能是老派武侠小说家。

梁羽生写过几十部武侠小说，其中八部都写到了魔鬼花。

哪八部？

《冰魄寒光剑》《冰川天女传》《冰河洗剑录》《云海玉弓缘》《弹指惊雷》《武当一剑》《狂侠天骄魔女》《龙凤宝钗缘》。

在这八部作品中，魔鬼花都是作为反派道具出现的，因为就像霸王花一样，魔鬼花也有毒，也能让人神志迷糊，通常被江湖上的奸邪之徒拿来对付无法力敌的正派高手。

《弹指惊雷》第一回描写了魔鬼花的形态。

一阵风吹来，齐世杰忽地嗅到一股奇怪的香气，把眼望去，但见"魔鬼城"边开有无数奇花，每朵花都有饭碗般大，红白蓝三色相间，不过红花的花瓣最多，而火红的颜色也最为耀眼。

齐世杰道："咦！这是什么花？"

向导失声叫道："齐相公，不，不可——"

齐世杰道："什么事？"脚步不停地向前直走。

向导说道："这花像是传说的魔鬼花，你千万不可沾惹它，沾惹之后定有灾殃！"

齐世杰自小生性执拗，而且他根本不相信这些鬼传说，当下哈哈笑道："魔鬼我都不怕去惹，何况魔鬼花？你们迷信它不能沾染，我偏要去采摘它。"

话还未了，他已是走到花丛之中。香风越来越浓烈了，他正要选颗最大最好看的"魔鬼花"采摘，忽地一阵目眩心跳，就像是喝醉了酒一般，懒洋洋地提不起精神。齐世杰吃了一惊："这花莫非有鬼？"

我们可以总结出魔鬼花的三个特征：

第一，花朵奇大无比，有饭碗那么大；

第二，花瓣有红有白有蓝，以红色居多；

第三，花香浓烈，闻多了让人头晕目眩。

正是因为魔鬼花能让人头晕，所以梁羽生笔下的反派们喜欢将魔鬼花制成迷香，让对手晕晕乎乎地失去战斗力。

例如《龙凤宝钗缘》中有一个反派人物精精儿就是这么干的。

双方越斗越烈，段克邪忽觉头晕目眩。本来他一跨进窑洞，就闻到有股淡淡的香味，当时已觉得这气味不对，但随即就展开激战。他恃着内功深厚，也不怎样放在心上，哪知这是精精儿在喜马拉雅山头采来"阿修罗花"（汉名魔鬼花），用秘法所制的迷香，比空空儿的迷香效力更强。时候一久，段克邪已是渐渐受毒，剑招发出，每每力不从心。

段克邪闭了呼吸，究竟不能持久，只得又吸了口气，这一吸登时似喝了过量的酒，但觉昏昏沉沉，只想睡觉似的。段克邪暗叫不妙，强振精神，奋力架开精精儿的一剑。

精精儿冷笑道："好呀，看是你教训我还是我教训你？"刷刷刷疾刺三剑，第一剑削去了段克邪的帽子，第二剑割断了段克邪的腰带，第三剑刺穿他的衣襟，尽情戏弄，却不伤他。段克邪一咬舌尖，就在精精儿大笑声中，忽地一剑劈出，将精精儿的短剑荡开，剑锋一划，竟在精精儿的手臂上划开了一道伤口，拐弯一脚，"咕咯"一声，又把宇文垂赐了个筋斗。原来他一咬舌尖，令自己突然感到疼痛，神智也就清醒了许多，同时由于疼痛的刺激，气力陡增，几乎超过原来的功力。

精精儿大吃一惊，短剑一抛，从右手移到左手，突然以剑中夹掌，招里套招，式中套式，刚柔互易的功夫向段克邪攻去，这套功夫是他跟转轮法王学的，并非段克邪熟悉的本门功夫。段克邪由于疼痛所引起的刺激又已消逝，猝然间碰到自己所不熟悉的古怪招数，头昏脑涨之中，一时间竟不知如何应付，只避开了精精儿的剑招，却避不过那一掌一指，给精精儿一掌击倒，又点中了他的麻穴。

如果剂量够大，魔鬼花不止让人头晕，还能致人死命。

《狂侠天骄魔女》中有这样的情节。

东海龙缓缓说道，"正是有些古怪。他们不是让人用武功杀害的，是中毒死的。"

蓬莱魔女又惊又喜，道："中毒死的？不是闭穴断脉之伤！"

东海龙道："老朽虽然生平不喜使毒药，但对天下各种稀奇古怪的毒药，倒还知道一些，这两人中的是阿修罗花之毒，绝没有看错！"

蓬莱魔女道："阿修罗花？这名字好怪！大约不是中上所产的了？"

东海龙道："阿修罗三字是梵文，佛经故事中，他是与天帝作对的恶魔，故此吐蕃的土人又把这种花称为魔鬼花。"

蓬莱魔女道："那么这种花是在吐蕃才有的了？"

东海龙道："不错，只有叶蕃境内的喜马拉雅山上才有。用这种花的花粉配成毒药，可以杀人于不知不觉之间，要死后一个时辰，眉心上方始略现一丝黑气。但再过一个时辰，这黑气又会消失。所以，若中此毒，极难察觉。"

将魔鬼花的花粉配成毒药，可以把人毒死。死者额头上会有一丝淡淡的黑气，不过这丝黑气会在两个小时后完全消失，不留任何痕迹，除非解剖化验，否则根本看不出死因。

中了霸王花的毒，能用解药及时化解，这解药就是霸王花的根。

中了魔鬼花的毒，也能用解药及时化解，这解药就是天山雪莲。

梁羽生作品有个规律：只要出现魔鬼花，必定伴随天山雪莲，魔鬼花有毒，天山雪莲则解百毒。人们闻了魔鬼花的香气之后昏昏欲睡，四肢乏力，严重的时候陷入昏迷和休克；但是一闻天山雪莲的香气就能提起精神，昏睡者能苏醒，休克者能复活。

正所谓卤水点豆腐，一物降一物，魔高一尺，道高一丈，再厉害的毒药，都有克制它的法宝，正派人物永不言败，江湖道义永远存在。

情花的毒

不过我们不能高兴得太早，因为情花就要来了。

情花出自金庸笔下。

金庸应该是我们最熟悉的武侠小说家之一，金庸笔下的情花应该是我们最熟悉的毒花。

杨过，小龙女，谁人不知？杨过和小龙女都中过情花之毒，谁人不晓？

在座的各位如果没有听说过杨过和小龙女，可算孤陋寡闻，如果没有听说过情花，那还可以原谅，毕竟看过《神雕侠侣》电视剧和玩过同名网游的朋友肯定比看过原书的要多得多。

为了照顾没看过原书的朋友，请允许我翻开《神雕侠侣》第十七回，给大伙念念关于情花的那几段。

杨过接过花来，心中嘀咕："难道花儿也吃得的？"却见那女郎将花瓣一瓣瓣的摘下送入口中，于是学她的样，也吃了几瓣，入口香甜，芳甘似蜜，更微有醺醺然的酒气，正感心神俱畅，但嚼了几下，却有一股苦涩的味道，要待吐出，似觉不舍，要吞入肚内，又有点难以下咽。

他细看花树，见枝叶上生满小刺，花瓣的颜色却是娇艳无比，似芙蓉而更香，如山茶而增艳，问道："这是什么花？我从来没见过。"那女郎道："这叫做情花，听说世上并不多见。你说好吃么？"

杨过道："上口极甜，后来却苦了。这花叫做情花？名字倒也别致。"

说着伸手去又摘花。那女郎道："留神！树上有刺，别碰上了！"杨过避开枝上尖刺，落手甚是小心，岂知花朵背后又隐藏着小刺，还是将手指刺损了。

那女郎道："这谷叫做'绝情谷'，偏偏长着这许多情花。"杨过道："为什么叫绝情谷？这名字确是……确是不凡。"那女郎摇头道："我也不知什么意思。这是祖宗传下来的名字，爹爹或者知道来历。"

二人说着话，并肩而行。杨过鼻中闻到一阵阵的花香，又见道旁白兔、小鹿来去奔跃，甚是可爱，说不出的心旷神怡，自然而然地想起了小龙女来，"倘若身旁陪我同行的是我姑姑，我真愿永远住在这儿，再不出谷去了。"

刚想到此处，手指上刺损处突然剧痛，伤口微细，痛楚竟然厉害之极，宛如胸口蓦地里给人用大铁锤猛击一下，忍不住"啊"的一声叫了出来，忙将手指放在口中吮吸。

那女郎淡淡地道："想到你意中人了，是不是？"杨过给她猜中心事，脸上一红，奇道："咦，你怎知道？"女郎道："身上若给情花的小刺刺痛了，十二个时辰之内不能动相思之念，否则苦楚难当。"杨过大奇，道："天下竟有这等怪事？"女郎道："我爹爹说道：情之为物，本是如此，入口甘甜，回味苦涩，而且遍身是刺，你就算小心万分，也不免为其所伤。多半因为这花儿有这几般特色，人们才给它取上这个名儿。"

杨过问道："那干么十二个时辰之内不能……不能……相思动情？"那女郎道："爹爹说道：情花的刺上有毒。大凡一人动了情欲之念，不但血行加速，而且血中生出一些不知什么的物事来。情花刺上之毒平时于人无害，但一遇上血中这些物事，立时使人痛不可当。"杨过听了，觉得也有几分道理，将信将疑。

两人缓步走到山阳，此处阳光照耀，地气和暖，情花开放得早，这时已结了果实。但见果子或青或红，有的青红相杂。还生着茸茸细毛，就如毛虫一般。杨过道："那情花何等美丽，结的果实却这么难看。"女郎道："情花的果实是吃不得的，有的酸，有的辣，有的更加臭气难闻，令人欲呕。"

杨过一笑，道："难道就没甜如蜜糖的么？"那女郎向他望了一眼，说道："有是有的，只是从果子的外皮上却瞧不出来，有些长得极丑怪的，味道倒甜。可是难看的又未必一定甜，只有亲口试了才知。十个果子九个苦，因此大家从来不去吃它。"杨过心想："她说的虽是情花，却似是在比喻男女之情。难道相思的情味初时虽甜，到后来必定苦涩么？难道一对男女倾心相爱，到头来定是丑多美少吗？难道我这般苦苦地念着姑姑，将来……"

他一想到小龙女，突然手指上又是几下剧痛，不禁右臂大抖了几下，才知那女郎所说果然不虚。

这几段文字是金庸先生对情花描写最详细的部分，既写了情花的花瓣能吃，又写了情花的尖刺有毒，还写到了中毒之后的症状——脑子里不能想到情人，一想就痛，二十四小时（十二个时辰）以内不能化解。

　　霸王花之毒，毒得猛烈；魔鬼花之毒，毒得迷幻；情花之毒，毒得古怪。就像所有的计算机程序都需要满足一个触发条件才能运行一样，情花的毒性只会被相思触发，倘若思维中没有情欲，中了毒就跟没中一样。从这个角度看，小朋友用不着担心情花，即使偶尔被它扎伤，也只会体验到小小的刺痛，不会体验胸口被大铁锤撞击的剧烈痛苦。当然，早恋的小朋友除外。

　　金庸下笔时重在突出情花的古怪毒性，将情花写成了相思之苦的典型化身，他没有把笔墨浪费在情花的具体形态上。情花有魔鬼花那么大吗？会像霸王花那样昼开夜合吗？金庸都没写。不过金庸倒是特别提到，情花的果实特别难看。究竟有多难看，他也没写。

曼陀罗花在曼陀山庄吗

温瑞安的霸王花，梁羽生的魔鬼花，金庸的情花，三花聚顶，有三个共性。

第一，花朵都好看。

第二，植株都有毒（有的毒在花朵，有的毒在花粉，有的毒在花刺）。

第三，现实生活中都不存在。

是的，自然界中好看并且有毒的花卉植物多了去了，可是毒性那么猛烈、那么奇幻、那么古怪的花，一棵都没有。

如果硬要比对真实存在的植物，那么我们只能说，它们的某些特征跟曼陀罗倒是有点儿像。

曼陀罗，绿色开花植物，被子植物门，双子叶植物纲，管状花目，茄科，曼陀罗属。它的属下有多种植物，有的开白花，有的开黄花，有的开红花，有的开蓝花。别名也有很多，有的地方叫曼陀罗，有的地方叫洋金花，有的地方叫醉心花，有的地方叫天茄，有的地方叫颠茄，有的地方叫押不芦。按照中国古籍记载，押不芦是古人给曼陀罗取的名字，应该是用汉语对外来语的音译。

所有种类的曼陀罗都开，绝大部分的曼陀罗花都很大，不过不像魔鬼花大如饭碗那么夸张。

曼陀罗花很像喇叭筒，圆口，向四周绽开六到九个尖儿，仿佛魔幻世界中地狱的入口，既漂亮又怪异。其中白花曼陀罗（洋金花）对光照敏感，白天阳光充足时开放，傍晚阳光暗淡时闭合。闭合之时，四周的尖儿慢慢卷向喇叭口的中心，这一点正符合温瑞安笔下霸王花的特征——昼开夜合。只是温瑞安发挥文学特长，用了夸张的修辞手法，使花瓣闭合的过程提速了。

根据多年来人们的经验和现代化学家的检验结果，所有种类的曼陀罗花都有毒性，小剂量服用让人兴奋，大剂量服用让人昏迷，这又跟武侠小说中魔鬼花与霸王花的致幻效果有相同性质。

曼陀罗会开花，也会结果，它们的果实叫做曼陀罗子（也有人将曼陀罗果实里的种子叫曼陀罗子），表皮密密麻麻全是尖刺，有点儿像缩微的刺猬，也有点儿像放大的苍耳。说起有刺这一点，读者诸君或许又能联想到金庸笔下情花的尖刺。当然，情花的尖刺藏在枝干上，没长在果实上，否则杨过去摘情花果的时候会被再扎一次。

曼陀罗当然也有根茎，它的根形态怪异，猛一看好像人参，仔细瞧又像一个裸体的人，越看越感觉阴森恐怖。更加令人恐惧的是，当你把一棵硕大的曼陀罗从泥土里连根拔出时，它还会发出一种类似尖叫或者呻吟的叫声。因为这一特征，中世纪的英国人相信曼陀罗根是魔鬼的化身，拥有黑魔法的女巫会利用它去做一些不可告人的坏事。

武侠小说中并非没有曼陀罗。

梁羽生《七剑下天山》第七回，明末清初的文学家、思想家、医学家兼武林高手傅青主向别人讲解如何化解鹤顶红的剧毒，提到三种解药：长白山人参、天山雪莲、西藏的曼陀罗花。将这三种解药与和田美玉一起捣碎，用仙鹤的唾沫调和成丸剂，立即服下，即可救治饮下鹤顶红毒酒的患者。从现代医学的角度看，傅青主当然是胡扯，但梁羽生先生可能会相信，因为他当年写武侠小说时对传统中医还是深信不疑的。

《冰川天女传》第五回，梁羽生借女主人芝娜之口，重申曼陀罗花的医学功效："青唐古拉山上有天湖，湖边有个仙女，天湖的圣水和山上的一种曼陀罗花，可以医治百病。"芝娜的舅舅曾经被一门歹毒的功夫"七阴掌"打成重伤，靠着内功坚持了下来，挣扎着爬上西藏的念青唐古拉山，寻找曼陀罗花来疗伤，结果痊愈了。

实际上，从曼陀罗花中可以提取某些生物碱，这些生物碱在不同剂量的作用下，可以成为兴奋剂或者镇静剂，有止痛效果，并且确实能解毒，但剂量稍大时，却一定能让人中毒更深。

药物化学博大精深，一会儿咱们再聊。现在我关心的是，曼陀罗花真的只能在西藏找到吗？

很多朋友都读过金庸小说《天龙八部》，那里面有一个王夫人，是王语嫣的生母、段誉的准岳母、无崖子和李秋水的女儿、星宿老怪的养女，心狠手辣，杀人如麻，却将自己在苏州的栖息地命名为"曼陀山庄"。曼陀山庄的曼陀，正是曼陀罗的简称，但她的山庄里却没有曼陀罗花，只有曼陀罗树。这里的曼陀罗树绝非曼陀罗属下的木本植物，而是山茶树的别称。

如果我们在真实世界寻找曼陀罗，不必去苏州，更不必去西藏。这类茄科曼陀罗属的药用植物偏爱温和湿润的气候，原产热带和亚热带，现在全国各地都有分布，长江以南更多。

　　顺便再提一句，温瑞安书中的阴谋家赵艳侠引种霸王花，是从天竺（印度）找到的，这一点也很像曼陀罗，因为曼陀罗的老家就是在印度。

蒙汗药的化学成分

该到解释曼陀罗为什么有毒的时候了。

以俗称"洋金花"的白花曼陀罗为例，它的花瓣、花粉、叶子、茎秆、根部，都含有生物碱，而它的药性和毒性几乎也都来自生物碱。

生物碱是来自植物（小部分来自动物）的各种含氮碱性有机化合物，化学结构十分复杂，种类也非常多，目前发现的生物碱已经多达上万种。

生物碱并不可怕，绝大部分中草药其实都是以生物碱为主要成分的，茶叶里也有，烟草里也有，咖啡豆和可可豆里肯定也少不了，能让我们提神的咖啡因，就是生物碱大家族中的一员小将。曼陀罗的生物碱为啥能表现出毒性呢？因为该生物碱主要是东莨菪碱、山莨菪碱、阿托品这三种化合物。

东莨菪碱有轻微毒性，剂量合适时，可以抑制唾液分泌，抑制大脑皮层，改善微循环，减轻晕船晕车的痛苦，并有一定的催眠效果，在眼科手术中还能帮助瞳孔扩散。

山莨菪碱和阿托品的毒性比较明显，如果服用或者注射 1 毫克不到的极小剂量，跟东莨菪碱效果相似，甚至效果更好，可以杀菌消炎、稳定心率、治疗神经毒气和杀虫剂中毒。但是肯定没有哪个大夫胆大包天，敢给患者一次性注射超过 10 毫克的剂量，或者让患者一次性口服 100 毫克，那一定会让大部分人死于非命的。100 毫克是多少？1 克的十分之一而已，我们每天吃下的盐大约几万毫克，是这个高度危险剂量的几百倍。

再往下深究，诸如东莨菪碱、山莨菪碱和阿托品之类的化合物，之所以能对人体产生上述效果，归根结底是因为它们在不同程度上阻碍了人体神经信号的传递。

我们呼吸、走路、吃饭、睡眠、思考、写作，每时每刻都要靠神经信号传导，而神经信号是怎么传导的呢？是细胞的电压变化在起作用。打个比方说，某暗器高手在我脚底涌泉穴上射了一枚绣花针，那里至少会有几十万个细胞受损，细胞膜受到挤压或者破裂，内外电压发生变化，进而产生电流，把信息传导给大脑，让我体验到疼的感觉，知道受了伤，赶紧拔出绣花针，进而决定是躲避还是还击。

可是当莨菪碱进入我的血液时，会跟我细胞里的电传导物质发生化学反应，电压差不再产生，生物电不再传导，我的动作、呼吸和思考不再正常进行，我开始麻木、呆傻、昏迷、休克……

生物电好比镖师，莨菪碱好比盗匪，镖师正在背负神经信号赶路，盗匪突然现身："此山是我开，此树是我栽，要打此路过，留下买路财！"镖师受阻，生物电中断，神经信号受阻，靠神经信号指挥的人体系统自然崩溃。

　　前文还说过，曼陀罗除了让人昏睡，有时还让人兴奋，分析化学原理，仍然是阻隔神经传导所致。我们知道，迷走神经可以抑制心跳速度，使心率维持在正常水平，可是当适当剂量的阿托品侵入人体时，迷走神经发给心脏的抑制信号传输不畅，心脏就没人管了，心跳就加速了，表现出来的效果就是，这人异常兴奋，大喊大叫，大哭大笑，如同吃了疯药。《四大名捕捕龙蛇》中的霸王花能令村民发疯，大概正是这个原理。

　　古代盗匪杀人越货，并不想让被害者发疯，只想让被害者昏睡。他们也不懂什么叫生物碱，更不懂如何从曼陀罗中提取阿托品。可是他们从生活经验中得出显而易见的结论：将曼陀罗制成药物，是可以让人迷醉和昏睡的。于是乎，蒙汗药问世了。

《水浒传》里的孙二娘开人肉包子店，蒙汗药所起的作用远远超过她和她老公的武功。《鹿鼎记》里的韦小宝在赶赴五台山途中，不知不觉间被大内侍卫麻翻，也是来自蒙汗药的"恩赐"。如果翻看明清话本与清代刑事案例汇编，盗贼们用蒙汗药害人的故事更是俯拾皆是。

蒙汗药真的是用曼陀罗制造的吗？还有没有其它成分呢？明朝医生梅元实写过一本《药性会元》，给出了蒙汗药的配方：羊踯躅花为主要成分，曼陀罗花为辅助成分，配上川乌、草乌，统统焙干，捣成细末，混合到一块儿，就是蒙汗药。

羊踯躅花是杜鹃花科的有毒植物，俗称"黄花杜鹃"，又叫"闹羊花"，毒性没有曼陀罗猛烈，不过要是过量服用，也能让人痉挛、惊厥、四肢麻痹、头脑晕眩、精神上出现幻觉。将羊踯躅花与曼陀花晒干，磨粉，配以川乌以及草乌的粉末，再按适当的比例混合，传说中的蒙汗药就制成了。

蒙汗药为啥叫"蒙汗"药？有人说是因为谐音，蒙汗等于"瞑眩"，吃了头晕目眩；有人说是因为讹误，蒙汗原是"蒙汉"，能让好汉蒙圈；有人更加突发奇想，说这款药是蒙古统治者蒙哥大汗发明的。读过金庸武侠的朋友都知道，蒙哥在亲率大军侵略襄阳的时候就被神雕大侠杨过用石头砸死了，而蒙汗药的发明则远在蒙哥死亡之前。再者说，蒙古大汗攻城略地，杀人屠城，靠的是马刀、弓箭和丧失人性，完全没有发明蒙汗药的必要！

　　相对靠谱的解释是，蒙汗药得名于它起效以后的人体表征：曼陀罗及其它成分中的毒性生物碱阻断了神经信号，汗腺被封闭，体温升高，浑身燥红，该排汗的时候排不出来，仿佛全身的汗毛孔都被蒙住了，故此得到"蒙汗"这个称呼。

　　中药配制讲究配伍，现代医药更加重视精确可控的化学配方，如果不考虑各项成分的纯度与比例，只将羊踯躅花、曼陀罗花、川乌、草乌的干粉胡乱混合，配出的蒙汗药恐怕不怎么靠谱。

　　是的，羊踯躅、曼陀罗、川乌、草乌，都含毒性生物碱，但是如果不能精确得出它们各自的化学成分，或者没有经过长期的实际验证，谁能知道怎么配比才算得上真正有效呢？也许你想让敌人昏睡过去，结果配出的蒙汗药配方不合理、剂量不合适，反倒让敌人更加兴奋了，耍出一套不要命的泼风剑法，将你砍得抱头鼠窜。也许你只想让惊吓过度、扰乱军心的队友安静下来，结果一剂蒙汗药灌下去，队友居然七窍流血而亡，其他同袍只能把你当成内奸来处决了。

　　那么蒙汗药的确切配方究竟是什么呢？羊踯躅花占比几何？曼陀罗花占比几何？川乌如何提纯？草乌可否舍弃？有没有成本更低、更适合批量生产的替代成分呢？对不起，古人没写。或许古籍中曾经写过，没有流传下来而已。做过同类研究的现代化学家或许早就得出了更加科学的配比方法，只是没有广而告之。这个您得理解，为了大家的安全，不得不保密。

麻醉药与致幻剂

且不管确切配方如何，曼陀罗在古代中国终究是迷幻剂的主要成分。

《旧唐书·安禄山传》有载，安禄山中年发福，战斗力下降，打不过入侵边疆的契丹人，改用曼陀罗下毒。他设下鸿门宴，邀请契丹人赴局，请人家饮用曼陀罗子浸泡的药酒。契丹人喝过酒，昏迷不醒，睡梦中被他砍下脑袋。如此这般的蒙汗药饭局，安禄山搞过十几次，平均每次杀死几十个契丹人。

司马光《涑水记闻》有载，北宋中叶，湖南少数民族谋反，湖南转运副使（相当于副省长）杜杞奉命讨伐，明里招安，暗地里下毒："饮以曼陀罗酒，昏醉，皆杀之。"让谋反的首领们喝下曼陀罗酒，趁人家昏迷时杀掉。

南宋遗老周密《癸辛杂识》也有记载："汉北回回地方有草，名押不芦（即曼陀罗花）……土人以少许磨酒饮，即通神麻痹而死，加以刀斧亦不知，至三日，则以少药投之即活。……贪官污吏罪甚者，则服百日丹者，皆用此也。昔华佗能刳骨涤胃，岂不有此等药也？"汉水北部有曼陀罗花，当地居民将其焙干磨粉，泡酒饮用，能昏迷三天三夜不苏醒，用解药灌服方可救活。贪官污吏东窗事发，怕朝廷追究，服用一种名叫"百日丹"的迷药，可以装死，这种迷药也是用曼陀罗配制的。当年神医华佗给关云长刮骨疗毒，给病人做剖腹手术，大概也是用曼陀罗吧。

宋朝还有一部药书《扁鹊心书》，记载一种名为"睡圣散"的新药，将山茄花（曼陀罗花的别名）和大麻烤干，研磨成粉，制成散剂，每次服用三钱（十分之三两），即可令人昏睡。宋朝医生用艾草给患者治病，烧着的艾草直接烫在皮肤上，很痛，给病人灌一剂睡圣散，就感觉不到痛了。

宋人笔记《岭外代答》写得更明确："广西曼陀罗，大叶白花，结实如茄子，遍生小刺，乃药人草也。盗贼采干而末之，以置人饮食，使之醉闷。"广西盛产白花曼陀罗，果实像茄子一般大，果壳长满尖刺，有麻醉和致幻作用。盗贼将白花曼陀罗晒干捣碎，偷偷掺入饮食，让人服下，即可为所欲为。

李时珍在《本草纲目》里说，白花曼陀罗在农历八月份开花，样子像牵牛花，但比牵牛花要大，白天开放，傍晚卷合。用这些花朵酿酒，能让人进入癫狂状态，要么大笑不止，要么乱蹦乱跳。李时珍说他亲自做过试验，确实有明显的致幻效果。

其实不止是中国古人，外国人也老早就体验到了曼陀罗的"妙用"。

公元 1750 年，英国人在北美殖民，见印第安人不听话，常搞暴乱，派出一个军团远征北美。这个军团到了美洲，人生地不熟，途中生火做饭，瞧见漂亮的曼陀罗花，当成了可以食用的野菜，扔进锅里。后来呢？士兵集体发疯，有的哭天抢地，有的载歌载舞，有的倒地不起，有的乱啃乱咬，战斗力丧失不说，连英国绅士的脸面都丢尽了。可以想见，那些士兵们食用曼陀罗的剂量不尽相同，吃得少的兴奋，吃得多的昏睡，吃得最多的长睡不醒。或者更准确地说，他们的抵抗力也不尽相同，抵抗力强的兴奋，抵抗力差的昏睡，抵抗力最差的长睡不醒。就像化学家给小白鼠做实验，禀赋强的小白鼠可以吃下两毫克曼陀罗，禀赋差的吃一毫克就玩完了。

福尔摩斯侦探集中有一篇《魔鬼草》，说的是一个居心叵测的侄子觊觎叔父的财产，想图财害命，将魔鬼草放进叔父的壁炉。该草受热，香气缤纷，叔父在睡梦中中毒，发了疯，总是"看见"魔鬼扑来，活活被吓死。

福尔摩斯故事中的魔鬼草未必一定是曼陀罗，因为自然界中能够致幻的有毒植物琳琅满目。

举例来说，墨西哥仙人掌大家族中有一种佩奥特仙人球，球茎顶部密布羽毛状的软毛，又叫"鸟羽玉"，它的嫩茎含有墨司卡林生物碱，如果吃的剂量足够，食用者会产生幻觉，认为自己能在水上漂浮。19世纪上半叶，墨西哥的印第安人每逢大型节日，都要集体食用佩奥特仙人球，吃完躺在地上，等待神的召唤，实际上就是享受精神错乱后的幻觉。

非洲肉豆蔻的生果含有肉豆蔻醚，也能让人迷幻，见到神神鬼鬼的东西。如果你信基督，并且自信死后能上天堂，那么应该能看到天使的召唤。欧洲殖民者在非洲开辟种植园的蛮荒殖民时代，有些黑奴非常乐意品尝肉豆蔻——为了享受那一时的迷幻，逃离长久的痛苦。

　　我国云南有一种俗称"魔鬼果"或者"小韶子"的野生植物，果实如同小颗的荔枝，煮熟有板栗的香甜，口感微涩，生吃也有幻觉。一口气吃十几颗乃至几十颗下去，或者能"看到"铺天盖地的昆虫，或者能"听到"震天动地的怪兽。

　　至于罂粟、大麻、一些五彩斑斓的蘑菇，统统都有毒性，统统都有麻醉和致幻的作用。究其原理，跟曼陀罗的毒性生物碱一样，都是干扰了神经信号传导所造成的。

　　虽然具备类似功效的植物如此之多，但曼陀罗恐怕仍然是自然界中最为立等可取的强效麻醉药和致幻剂。第一，它们的生长范围很广，不用专门去非洲、印度、墨西哥、彩云之南、念青唐古拉山之巅寻求；第二，它们的有效成分提取起来特别方便，花、果、茎、根，哪个部位都能用，哪个部位都有效，浑身都是"宝"。

　　这本书的读者都有菩萨心肠，绝无害人之意，不过为了自保，最好还是要特别注意：千万千万别误食曼陀罗。

　　请允许笔者在此处举出发生在现代中国的两个反面案例。

　　2001年10月，山东高密第三人民医院收治一例患者，是一位四十五岁的男性农民，他听信偏方，用曼陀罗花泡酒，治疗自己的胃溃疡。喝了不到半年，突然开始抽搐，体温升到39度，心率140次每分钟，随即抽搐、昏迷、瞳孔发散。家人送他到医院，医生诊断为急性曼陀罗中毒，赶紧洗胃、灌肠、插管、输液、注射肾上腺素，入院15小时后，他死了。

　　2009年6月，福建泉州丰泽区疾控中心接到当地医院报告，五名在物流公司上班的年轻人，错把物流公司后院花园里的曼陀罗花当成了可以食用的昙花，掺入辣椒炒肉，配大米饭吃。他们上午 11：30 进食，下午 12：30 到 13：00 之间，陆续出现恶心、嗜睡、头晕乏力的症状。经医生诊断，也是曼陀罗中毒。其中四人中毒较轻，洗过胃，输过液，当天出院。另外一人中毒较重，在医院住了十天。

天一神水是重水吗

　　江湖上还有一种毒药，毒性比曼陀罗花尤为猛烈，叫作"天一神水"。这种毒药出自 "楚留香系列"的经典之作——《血海飘香》。

　　《血海飘香》开篇，楚留香偷到白玉美人，回到自己的船上，穿着睡衣，吹着海风，吃着喷香的烤乳鸽，喝着胭脂般的上等红酒，在甲板上懒洋洋地晒着太阳，与美女聊着天，享受着美好的生活……就在这时候，阳光照耀的海面上陆续飘来几个人，几个死人。

　　第一个死人是天星帮的总瓢把子"七星夺魂"左又铮。

　　第二个死人是擅使朱砂掌的"杀手书生"西门千。

　　第三个死人是"海南三剑"中的道士，道号灵鹫子。

　　第四个死人是"沙漠之王"札木合。

　　前三个人，都是被人杀死的，唯独第四位武功太高，敌人杀不死他，只好把他毒死了。

　　《血海飘香》第二回，楚留香第一眼见到札木合的尸体，就准确地判断出了他的死因。

　　别的尸身在水上都载沉载浮，这具尸身却如吹了气的皮筏似的，整个人都完全浮在水上了。

别的尸身李红袖至少还敢瞧两眼，但这个尸身，李红袖只瞧了一眼，全身都起了悚栗，再也不敢瞧第二眼了。

这尸身本来是胖是瘦，楚留香已完全瞧不出，只因这尸身全身都已浮肿，甚至已开始腐烂。

这尸身本来是老是少，楚留香也已瞧不出。只因他全身须毛头发，竟赫然已全部脱落。

他眼珠已胀得暴烈而突出，全身的皮肤，已变成一种令人恶心的暗赤色，楚留香再也不敢沾他一根手指。

李红袖颤声道："好厉害的毒，我去叫蓉姐上来瞧瞧这究竟是什么毒。"

楚留香道："这毒，蓉蓉也认不出的。"

李红袖道："你又在吹了，你武功虽不错，但若论暗器，就未必比得上甜儿，若论易容术和下毒的本事，更万万比不上蓉姐。"

楚留香笑道："但这人中的并不完全是毒。"

李红袖吃吃地笑道："不是毒药，难道是糖么？"

楚留香道："也可以算是糖……糖水。"

李红袖怔了怔，道："糖水？"

楚留香道："这便是天池'神水宫'自水中提炼出的精英，江湖都称之为'天一神水'，而'神水宫'门人都称之为重水。"

李红袖动容道："这真的就是比世上任何毒药都毒的'天一神水'？"

楚留香道："自然是真的，据说这'天一神水'一滴的分量，已比三百桶水都重，常人只要服下一滴，立刻全身爆裂而死！"

他叹了口气，接道："而且这'天一神水'无色无臭，试也试不出异状，所以，连这'沙漠之王'都难免中了暗算。"

　　李红袖道："这……这人就是札木合？"

　　楚留香道："嗯！"

　　札木合死于天一神水之毒，天一神水来自武林中的神秘组织"神水宫"，神水宫的门人将天一神水称为"重水"。

　　化学上确实是有"重水"这种物质的。

　　我们知道，水是由氢原子和氧原子组成的化合物。两个氢原子加一个氧原子，可以组成一个水分子。普通氢原子的原子核，只有一个质子，没有中子，我们叫它"氕"。还有一种氢原子，原子核里仍然是一个质子，同时又多出一个中子，我们叫它"氘"。又有一种氢原子，原子核里有一个质子和两个中子，我们叫它"氚"。

　　氕、氘、氚，它们都是氢的同位素，其中氕是最常见的氢，氘是重氢，氚是超重氢。

　　事实上，氢的同位素远不止这三种，还有三个中子的氢4、四个中子的氢5、五个中子的氢6、六个中子的氢7。不过，后面这些同位素在自然界中几乎不存在，只能在实验室里人工合成，并且半衰期非常之短，堪称是"方生方死""旋生旋灭"，如同人类的意念。

　　两个氕和一个氧结合，形成我们最常见的水。两个氘和一个氧结合，形成的就是重水。如果让两个氚和一个氧结合呢？形成的是超重水。重水和超重水，看起来跟普通水完全一样，都是无色无味的液体，无论用肉眼去看，还是用鼻子去闻，抑或用舌头去舔，都不可能分辨出来，一如楚留香所说的天一神水，"无色无臭，试也试不出异状。"

　　重水和超重水都比普通的水重，换言之，它们比普通水的密度大。普通水在常温常压下每毫升重1克，重水在常温常压下每毫升重1.105克，超重水在常温常压下每毫升重1.211克。这样看起来，重水和超重水的密度其实跟普通水相差无几，并不像楚留香说的那样，"一滴的分量已比三百桶水都重。"

　　不过重水和超重水的价格却比普通水贵重得多。自然界中仅含有极少量的重水，根据现在的人类技术，主要通过电解法来制备，制备一千克的重水，平均要消耗几万度电。至于制备超重水，那代价就更高了，现在的方法是把金属锂放到核反应堆里，让锂裂变成一个质子和两个中子的氚，再把氚分离出来，让它跟氧结合，才能生成超重水。且不说技术上的复杂性和巨大风险，单从造价上讲，超重水比重水还要贵出几千倍，比桶装纯净水贵出几千万倍！

　　如此贵重的水，可不可以用来下毒呢？假如不计工本的话，还是可以的。重水也好，超重水也罢，理论上都有毒性。纯用重水浇花，花会枯萎；纯用重水养鱼，鱼会死去；一个健康的成年男子，一口气喝下几千克重水，肯定会造成胃胀、头晕等严重不适，个别人还会昏厥甚至死亡。但是相关的动物实验表明，重水对哺乳动物的毒性跟酒精差不多，少量饮用的话，会被机体慢慢代谢掉，并不能构成明显伤害。超重水的毒性则主要是由氚引起的，氚有放射性，但它是危害极小的放射性同位素，除非长期并且大剂量地摄入，否则不会对健康构成明显影响。

　　楚留香说的天一神水属于剧毒："常人只要服下一滴，立刻全身爆裂而死。"而重水和超重水的毒性如此微弱，看来它们都不是天一神水。

你之毒药，他之蜜糖

当年笔者读《血海飘香》，读到楚留香对天一神水超重特性和中毒症状的分析时，立马联想到水银，也就是液态汞。

首先，液态汞的密度非常大，常温常压下每毫升重达 13.6 克，是水的十几倍，比钢铁都重，这一点跟天一神水有些像。原文中天一神水每滴重量相当于几百桶水，那肯定是古龙的艺术夸张，而且这种夸张还存在一个逻辑上的漏洞——密度如此大的液体，哪怕滴下极微小的一滴到酒杯里，也会让酒杯变得像水缸一样沉，被下毒的人岂能感觉不到？怎么还会傻乎乎地喝下去呢？

其次，液态汞的毒性也比较猛烈，倘若剂量足够，确实能让人头发脱落，全身浮肿。

1956 年，日本九州水俣湾爆发过一场轰动世界的汞中毒事件。先是湾区的猫集体生病，走路打晃，四肢乱动，神经紊乱，很多猫发疯去跳海。随后不久，当地的居民也患上跟猫类似的病，步履蹒跚，口齿不清，视力下降，手足变形，严重者精神失常，抽搐尖叫，直至死亡。后来调查发现，水俣湾被常年排放的工业废水严重污染，海底淤泥中汞含量严重超标，鱼虾体内富集了大量有机汞，猫和人吃了这些鱼虾，结果导致两万人中毒，一千人严重中毒，五十多人中毒致死。

1972 年，伊拉克也爆发过一起汞中毒事件，将近七千人住院，四百多人死亡。这起中毒的起因是，伊拉克政府从英国进口了一批用有机汞杀过菌的小麦种子，分发给农民播种，农民不懂，居然把这批种子磨成面粉，做成面包，于是酿成灾难。

上述两起事件都是有机汞引起的。有机汞不同于液态汞，它们是汞的化合物。汞与硫、硫酸、氯结合，生成的硫化汞、硫酸汞、氯化汞，属于无机汞。汞与碳、氢、氧结合，生成的甲基汞、乙基汞、羟基汞，属于有机汞。与无机汞相比，有机汞更容易溶于脂肪，所以更容易进入大脑皮层，所以有机汞的毒性更大。比如说，氯化汞是无机汞中毒性最强的，口服 0.5 克会让人中毒，口服 1 到 2 克会让人死亡。如果换成有机汞里的氯化乙基汞呢？几十毫克就要人性命了。要知道，1000 毫克才等于 1 克！

假如我们不用有机汞，也不用无机汞，直接口服纯度百分百的水银，是不是更容易死掉呢？其实不然。水银不溶于水（严格讲，水银在水中也会溶解，但溶解度极小，可以忽略不计），也不溶于脂肪，流动性非常好，当它沿着我们的喉咙流进胃里以后，会被很快地排出体外，最多剩下百万分之一都不到的汞残留。所以呢，喝下一大口水银，并不能置人死地。但是请千万注意，本书坚决反对任何一位读者朋友拿自己的身体做实验。尤其需要注意的是，水银比较容易挥发，喝下液态汞不要命，吸到肺里的汞蒸气却很要命——气态的汞分子将迅速透过肺泡壁含脂质的细胞膜，与血液中的脂质相结合，进而迅速扩散到全身各个组织中去。

天一神水剧毒无比，如果它与汞有关，那一定不是液态的水银，也不会是气态的汞蒸气（汞蒸气很难添加到酒里），恐怕也不是毒性偏弱的无机汞，那只能是毒性强烈的有机汞。问题在于，有机汞一般都是有颜色的，怎样才能把它们处理成无色无味的溶液呢？这恐怕是神水宫的高度机密，还要靠各位化学专家去慢慢解密。

大约五百年前，瑞士出了一位非常了不起的化学专家，名叫巴拉塞尔士（Pararelsus），他是世界上第一个从化学角度发现水银毒性的人。在他之前，绝大多数人都不知道汞有毒。中国的道士痴迷于汞的神秘特性，用它炼丹；斯洛文尼亚的采汞工人赤足踏入液态汞，笑呵呵地体验登萍渡水的绝世轻功。因为水银的密度很大，浮力很强，成年男子从一泓水银上走过，只会淹到脚踝。无数人因为吸入汞蒸气而中毒，因为口服无机汞而中毒，却不知道毛病到底出在哪儿。直到这位巴拉塞尔士横空出世，方才揭开了汞的奥秘。

巴拉塞尔士是天才的医生兼炼金术士，他从中毒的汞矿工人及其家属身上展开研究，搜集了大量病例，进行了科学分析。他提出了三条非常重要的结论。

第一，抛开剂量，莫谈毒性，无论毒性多么猛烈的物质，都只有在剂量足够时才会表现出毒性。

第二，全世界所有物质，没有一种不是毒物，只要剂量足够大。

第三，全世界所有毒物，都可能变成药物，只要你用对地方。

这些重要结论，至今依然颠扑不破，至今仍然是所有人都该掌握但大多数人都不明白的科学常识。

就拿那神秘莫测的天一神水来说吧，《血海飘香》中提到，几滴就可以毒死三十几个武功一流的高手。假定把这几滴用一吨纯水来稀释呢？毒性马上锐减。如果再用一百吨、一千吨、一万吨纯水继续稀释呢？毒性恐怕就接近于零了。换句话说，几滴天一神水能毒死几十个高手，我们从这几滴里取出几十分之一，那只能毒死一两个高手；再从几十分之一中取出几十分之一，连一个抵抗力很差的病夫都毒不死；继续缩减剂量，将天一神水缩减到几个分子乃至几个原子，它还会有毒性吗？请放心，一点毒性都没有了。

换个角度，即使没有天一神水，即使我们面前只有完全洁净的矿泉水，只要喝得足够多，一样致人死命。有的朋友会说："那当然，把人撑死呗！"不，用不着喝到撑死的地步，只要频繁地喝水、去厕所、喝水、去厕所，如此循环往复，短短几个小时，就能让您中毒。

喝水喝到中毒，医学上称为"水中毒"，原理是摄入水分过多，盐分过少（纯水里不含盐），致使细胞外液渗透压下降，水分从细胞内进入细胞内，造成细胞内水肿，感觉头晕眼花、胸闷欲呕、四肢乏力、心跳加快，直至陷入昏迷状态。

关于巴拉塞尔士的第三个结论（只要用对地方，所有毒物都能变成药物），我们也能找到相关例证。

文艺复兴时期，意大利雕塑家本韦努托·切利尼（Benvenuto Cellini），声名显赫，但私生活很不讲究，在江湖上结下许多梁子。他的仇人想谋害他，在他晚餐中投放了氯化汞。前文说过，氯化汞毒性最强的无机汞，正常人口服0.5克就会中毒，但本韦努托·切利尼仅仅是消化道受损，竟然没死。不但没死，困扰他多年的梅毒竟然还神奇地消失了！原来啊，氯化汞既能破坏健康，也有强烈的杀菌功效。直到今天，医学界还在使用一些低剂量的无机汞来治疗疾病，例如用氧化汞对付眼疾，用硝酸汞对付溃疡，效果都很不错。

　　大家还记得《神雕侠侣》第三十二回的情节吗？杨过身中情花之毒，没有解药，本来十天半月内必死无疑，可是却被剧毒无比的断肠草救了性命。你之地狱，他之天堂，你之毒药，他之蜜糖，说的就是这个道理吧？

第六章

退隐江湖生存指南

不知道大家有没有听过这首歌。

大刀有点狠，铁锤又太笨，双节棍打到自己好疼。

暗器无声，我扔扔扔，扔到谁都是缘分。

管它陆小凤，还是叶孤城，江湖谁不让谁三分。

一个眼神，透露身份，你说你原来是女儿身。

啊，为什么对我放电？

念口诀，绕指柔，千斤铁，化骨绵。

呀，我不能够这么随便。

爹爹说，美貌惹人垂涎，好多采花贼、贼、贼。

化骨绵绵绵，兵器变废铁。

缠缠绵绵，蜜语甜言，织布和耕田。

化骨绵绵绵，秘籍扔一边……

这是湖南卫视前主播谢娜小姐多年前发布的一支原创歌曲，江湖上久不传唱，八零后和九零后的同学可能还有点儿印象，零零后的小朋友大概从来都没听到过。

我很喜欢这首歌，百听不厌。我觉得，这首歌概括了江湖儿女的典型经历：学成武艺，闯荡江湖，历经爱与恨，遇见意中人，最后厌倦打打杀杀，看够尔虞我诈，携手相约归隐，远离滚滚红尘。就像一切美丽童话的结尾——王子和公主从此过上了幸福的生活。

江湖，什么是江湖？有人的地方就有江湖。一个人或者一群人，想要真的退出江湖，那就要去一个没有其他人的地方，一个蛮荒的地方，一个与主流社会相隔绝的地方。比如说，黄药师归隐的桃花岛，谢逊归隐的冰火岛，陈家洛归隐的回疆，令狐冲归隐的梅庄，《连城诀》主人公狄云归隐的雪谷，都属于这样的地方。

这些地方非常幽静，无人打扰，无粉尘，无尾气，无噪声，无拥堵，有蓝天白云，有绿树红花，有真正漆黑的夜色和真正清脆的鸟鸣。但是，交通不便，购物不便，手机打不出去，Wi-Fi信号更不用提。哪天出门，你得骑驴，自己出不去，朋友也进不来，故人京洛满，何日复同游？把人憋死。遥想当年，小黄蓉逃离桃花岛，非要去江湖上到处游逛，正是因为憋不住了——偌大一座桃花岛，连商场都没有，你让一个女孩子如何活得下去呢？

千万不要以为，隐士们达到了某种不食人间烟火的精神高度，只追求心灵的静谧，不在乎生活的安逸。实际上，隐士也是人，也需要活着，假如活得不舒服，或者根本活不下去，隐居生活不会持续下去。

大家还记得《瓦尔登湖》的作者亨利·梭罗吧，他是资本主义国家的隐士，他是说英语的陶渊明，他在瓦尔登湖畔隐居过两年零两个月，他留下的日记决非形而上的心灵史，而是鸡毛蒜皮的生存日志：怎样取水，怎样生火，怎样种植，怎样采摘，怎样砍柴，怎样造房子，怎样与飞禽走兽和平共处……简单一句话，怎样活下去。

闯荡江湖时，你首先要考虑如何生存；退隐江湖后，第一法则仍然是生存下去。特别是当你进入一个与世隔绝的陌生环境之时，如何找到洁净的水，如何生起温暖的火，如何制备宝贵的盐，如何打造趁手的餐具和家具，这些本来都不是问题的问题，突然都会成为决定生存的大问题。

而要解决这些问题，武功高低已经不再重要，化学知识才是性命攸关的生存法宝。

达摩的滤水囊

任何一个人，去任何地方隐居，都离不开氧气和水。

氧气这一条不必担心，深山之中，海岛之上，暮云春树之间，都不缺氧气，都是提神醒脑的天然氧吧。

至于水，隐居之地同样不缺。江河滔滔，小溪潺潺，海纳百川，流瀑飞泉，无论海水还是淡水，无论河水还是雨水，毕竟都是水。

但是，氧气可以直接呼吸，水则未必总能直接饮用。且不谈污染严重的当代，就连过去没有工业污染的所谓"田园牧歌时代"，绝大多数天然水源也都是不洁净的。

既然不洁净，那就需要净化，最原始的净化工具，当推达摩祖师的滤水囊。

达摩祖师是南印度人，传说他在南北朝时来华传教，在河南少室山的峰顶山洞里隐居，面壁修行长达九年。传说他在中国留下了非常高明的禅法和出神入化的武功，后来少林派的各种绝学，诸如"金钟罩""易筋经""达摩剑""达摩掌""天竺佛指"以及"七十二绝技"，据说都由他开创。江湖上又有言道："天下武功出少林。"推根溯源，武林中各门各派的武功都跟达摩有不解之缘。所以在《天龙八部》第十九回，乔峰和少林高僧玄寂有过如下辩论。

　　玄寂见玄难左支右绌，抵敌不住，叫道："你这契丹胡狗，这手法太也卑鄙！"

　　乔峰凛然道："我使的是本朝太祖的拳法，你如何敢说上'卑鄙'二字？"

　　群雄一听，登时明白了他所以要使"太祖长拳"的用意。

　　倘若他以别种拳法击败"太祖长拳"，别人不会说他功力深湛，只有怪他有意侮辱本朝开国太祖的武功，这夷夏之防、华胡之异，更加深了众人的敌意。此刻大家都使"太祖长拳"，除了较量武功之外，便拉扯不上别的名目。

　　玄寂眼见玄难转瞬便临生死关头，更不打话，"嗤"地一指，点向乔峰的"璇玑穴"，使的是少林派的点穴绝技"天竺佛指"。

　　乔峰听他一指点出，挟着极轻微的"嗤嗤"声响，侧身避过，说道："久仰天竺佛指的名头，果然甚是了得。你以天竺胡人的武功，来攻我本朝太祖的拳法。倘若你打胜了我，岂不是通番卖国，有辱堂堂中华上国？"

　　玄寂一听，不禁一怔。他少林派的武功得自达摩老祖，而达摩老祖是天竺胡人。今日群雄为了乔峰是契丹胡人而群相围攻，可是少林武功传入中土已久，中国各家各派的功夫，多多少少都和少林派沾得上一些牵连，大家都已忘了少林派与胡人的干系。这时听乔峰一说，谁都心中一动。

　　达摩祖师如此神勇，来我中华时可曾携带什么护身法宝？没有。他既没有削铁如泥的宝刀利器，也没有刀枪不入的护体宝衣，更没有随身装备"百宝囊""含沙射影""暴雨梨花钉"等暗器。如果硬要说他有法宝的话，那只能将"滤水囊"当成法宝了。

滤水囊，又名"漉水囊""漉水袋""滤袋""滤罗""水滤""水罗"。顾名思义，这是一种用来净化水质的工具。

佛陀住世时，留有明训："比丘受具足已，要当畜漉水囊。""比丘行时，应持漉水囊。"（《摩诃僧祇律》卷18）僧人受过具足戒，一定要准备一件滤水囊，不管去哪个地方，都要随身携带。

这是用丝麻编织的过滤器，状如小朋友捞鱼用的抄网，只是比抄网的网眼儿要细得多。古印度僧人从一切天然水源中取水饮用，事先都要用这种器具过滤一下，滤掉水中漂浮的杂物和悬浮的生物。当年达摩祖师在少室山顶隐居之时，每天饮用溪水和雨水，势必要用滤水囊过滤一下。之所以这样做，主要倒不是为了净化水质，而是避免把水里的小虫喝到肚子里去，那样涉嫌杀生，有违我佛戒律。

佛法东传到我们中国，慢慢演化成有中国特色的宗教。我们中国人也长期饮用天然水，但是习惯于煮沸后再饮用，水中杂质与浮游生物会在加热过程中慢慢沉淀，像滤水囊这样的简陋工具就没有流行开来。

《天龙八部》第二十九回，小和尚虚竹奉命下山送英雄帖，就没有携带滤水囊。

便在这时，对面路上，一个僧人大踏步走来，来到凉亭之外，双手合十，恭恭敬敬地道："众位施主，小僧行道渴了，要在亭中歇歇，喝一碗水。"那黑衣汉子笑道："师父也忒多礼，大家都是过路人，这凉亭又不是我们起的，进来喝水罢。"

那僧人道："阿弥陀佛，多谢了。"走进亭来。

这僧人二十五六岁年纪，浓眉大眼，一个大大的鼻子扁平下塌，容貌颇为丑陋，僧袍上打了许多补丁，却甚是干净。

他等那三人喝罢，这才走近清水缸，用瓦碗舀了一碗水，双手捧住，双目低垂，恭恭敬敬地说偈道："佛观一钵水，八万四千虫，若不持此咒，如食众生肉。"念咒道："唵缚悉波罗摩尼莎诃。"念罢，端起碗来，就口喝水。

那黑衣人看得奇怪，问道："小师父，你叽里咕噜念什么咒？"那僧人道："小僧念的是饮水咒。佛说每一碗水中，有八万四千条小虫，出家人戒杀，因此要念了饮水咒，这才喝得。"黑衣人哈哈大笑。说道："这水干净得很，一条虫子也没有，小师父真会说笑。"那僧人道："施主有所不知。我辈凡夫看来，水中自然无虫，但我佛以天眼看水，却看到水中小虫成千上万。"黑衣人笑问："你念了饮水咒之后，将八万四千条小虫喝入肚中，那些小虫便不死了？"那僧人踌躇道："这……这个……师父倒没教过，多半小虫便不死了。"

虚竹不懂戒律的真谛。佛陀制定不许杀生的戒律，其实是为了让大家修得仁慈之心。有形有质的滤水囊再细密，也只能滤掉一部分看得见的生物；无形无质的饮水中再有效，也只能滤掉一部分看不见的恶念。对于那些看不见的细菌、病毒和有害化合物，滤水囊和饮水咒都起不到任何过滤作用。

那么该怎样过滤细菌、病毒与有害物质，得到适合饮用的放心水呢？中国古人发明了简单有效的"沙滤"和"矾滤"。

宋朝的瓶装水

对于饮用水的水质，我们老祖宗一向重视。

南宋王德远《调燮录》记载："水之宜茶者，以惠山石泉为第一，故士夫多使人往致之，市肆间亦以砂瓶盛贮售利者。"据说天下最适合泡茶的水是产自江苏无锡的惠山泉，宋朝士大夫常常派遣仆人不远千里去惠山取水，再运回来泡茶。因为有这种需求，所以市面上也有商贩出售惠山泉，用砂瓶装起来，卖给讲究生活品质的风雅之士。

唐朝陆羽著《茶经》时，将长江镇江段江心涌出的中泠泉列为天下第一泉，将惠山泉列为天下第二泉。到了宋朝，惠山泉篡夺了中泠泉的大位，一跃而为天下第一，深得宋朝士大夫的追捧。苏东坡诗云："踏遍江南南岸山，逢山未免更留连。独携天上小团月，来试人间第二泉。"天上小团月即北苑茶，人间第二泉即惠山泉，前者为茶中魁首，后者为水中翘楚，为了体验好水配好茶的美妙享受，苏东坡不惜千里迢迢跑到惠山。

但是这样喝茶实在太过麻烦，所以苏东坡又有诗曰："岩垂匹练千丝落，雷起双龙万物春。此水此茶俱第一，共成三绝鉴中人。"这首诗的题目是《元翰少卿宠惠谷帘水一器、龙团二枚，仍以新诗为贶，叹味不已，次韵奉和》，说明苏东坡的朋友寄来了两块高档茶砖和一瓶惠山泉水。

苏东坡还有一个好朋友名叫郭祥正，也是宋朝非常有名气的诗人，人称"李白再世"，其诗作中有一首《谢胡丞寄锡泉十瓶》："怜我酷嗜茗，远分名山泉。兹山固多锡，泉味甘尤偏。幸遇佳客便，十瓶附轻船。开瓶嫩清冷，不待同茗煎。"锡山离惠山极近，这里的"锡泉"实际就是惠山泉。人家给郭祥正寄送惠山泉，一寄就是十瓶。

宋朝极可能还有一种比惠山泉还要适合泡茶的水：竹沥水。

竹沥水是产自天台山的泉水。将打通关节的竹子连接起来，做成一个长长的管道，将天台山上的泉水引到山下，用大缸盛起来，沉淀一夜，再分装到砂瓶里面，封口，贴上标签，运往全国各地出售，此即竹沥水。

市间出售的惠山泉，天台山上的竹沥水，都用砂瓶封装，听起来很像现在的瓶装矿泉水。但是宋朝的水质净化和密封包装技术毕竟处于非常原始的阶段，瓶装泉水在长途运输和层层分销的过程中会慢慢变质。为了解决这一问题，宋朝人在买到瓶装水以后还要再处理一下。

怎么处理呢？"用细沙淋过，则如新汲时。"（《清波杂志》卷4）把瓶中已经变质的泉水倒出来，倒进一个干净的容器里，撒入细沙，使其沉淀，澄清后就没有异味了，跟新汲的泉水一样。

用细沙来净化水质，这就是古人发明的"沙滤"。

沙滤的原理并不复杂：沙子颗粒小，表面积相对大，内含大量带负电的自由电子。而水中也有很多带正电的悬浮颗粒，沙子的自由电子与悬浮颗粒正负相吸，聚成一团，慢慢沉淀下来，变质的泉水就焕然一新了。

如果使用明矾，净化效果会更好。

明矾是含有结晶水的硫酸钾与硫酸铝的复盐，它溶于水，在水中电离，生成大量的钾离子、铝离子和硫酸根，其中铝离子继续跟水反应，生成棉絮状的氢氧化铝。氢氧化铝有凝聚性，能吸附水中的悬浮物，使之比重增加，沉入水底。

明矾俗称"白矾"，价格便宜，容易获得，普通中药店里都买得到，因为净水效果不错，所以直到今天，有些地方的居民还在用它来净化水体。记得大学四年级上学期，我去豫西某地实习，那里海拔较高，地下水埋藏很深，山区居民打井困难，又没有泉水可供饮用，只好凑钱建造水窖，尽可能多地贮存雨水。雨水不干净，长期存放还会发黄发臭，当地人从水窖里打出水来，撒一些明矾，沉淀一夜，撇出上层较为干净的水，用来烧茶和煮饭。

金庸武侠作品中也闪现过明矾的身影，可惜没有被用来净化水质。

张无忌吩咐紧闭门窗，又命众人取来雄黄、明矾、大黄、甘草等几味药材，捣烂成末，拌以生石灰粉，灌入银冠血蛇竹筒之中，那蛇登时"胡胡"地叫了起来，另一筒中的金蛇也呼叫相应。张无忌拔去金蛇竹筒上的木塞，那蛇从竹筒中出来，绕着银蛇所居的竹筒游走数匝，状甚焦急，突然间急窜上床，从五姑的棉被中钻了进去。

何太冲大惊，"啊"的一声叫了出来，张无忌摇摇手，轻轻揭开棉被，只见那金冠血蛇正张口咬住了五姑左足的中趾。张无忌脸露喜色，低声道："夫人身中这金银血蛇之毒，现下便是要这对蛇儿吸出她体内毒质。"

这是《倚天屠龙记》第十四回的情节。张无忌以毒攻毒，用毒蛇给人治病，他将一只毒蛇关进竹筒，再撒入明矾、雄黄等药材。毒蛇不喜欢明矾和雄黄的气味，在竹筒里呼救，另一只毒蛇为了救它，到处寻找并吸食毒液，结果就把患者身上的毒液给吸出来了。

谢逊的反渗透膜

张无忌救人的方法很聪明，他的义父金毛狮王谢逊更聪明。

张无忌小时候，与谢逊及亲生父母在冰火岛上隐居过十年。更准确地说，他们并不想隐居，实则是被困在岛上，想回大陆，但是回不去。

好在谢逊上知天文，下知地理，虽然双眼看不见，但却凭着异常敏锐的体察和相当精确的推算，找到了风向的变化规律。

一日早晨，谢逊忽道："五弟，五妹，再过四个月，风向转南，今日起咱们来扎木排罢。"张翠山惊喜交加，问道："你说扎了木排，回归中土吗？"谢逊冷冷地道："那也得瞧瞧老天发不发善心，这叫做'谋事在人，成事在天'。成功，便回去，不成功，便溺死在大海之中。"

……

一天晚上，张翠山半夜醒转，忽听得风声有异。他坐起来，听得风声果是从北而至，忙推醒殷素素，喜道："你听！"殷素素迷迷糊糊地尚未回答，忽听得谢逊在外说道："转北风啦，转北风啦！"话中竟如带着哭音，中夜听来，极其凄厉辛酸。

次晨张殷夫妇欢天喜地地收拾一切，但在这冰火岛上住了十年，忽然便要离开，竟有些恋恋不舍起来。待得一切食物用品搬上木排，已是正午，三人合力将木排推下海中。无忌第一个跳上排去，跟着是殷素素。

……

木筏在大海中飘行，此后果然一直刮的是北风，带着木筏直向南行。在这茫茫大海之上，自也认不出方向，但见每日太阳从左首升起，从右首落下，每晚北极星在筏后闪烁，而木筏又是不停地移动，便知离中原日近一日。最近二十余天中，张翠山生怕木排和冰山相撞，只张了副桅上的一小半帆，航行虽缓，却甚安全，纵然撞到冰山，也只轻轻一触，便滑了开去。直至远离冰山群，才张起全帆。

北风日夜不变，木筏的航行登时快了数倍，且喜一路未遇风暴，看来回归故土倒有了七八成指望。这几个月中，张殷二人怕无忌伤心，始终不谈谢逊之事。

张翠山心想："大哥所传无忌那些武功，是否管用，实在难说。无忌回到中土，终须入我武当门下。"木筏上日长无事，便将武当派拳法掌法的入门功夫传给无忌。他传授武功的方法，可比谢逊高明得太多了，武当派武功入手又是全不艰难，只讲解几遍，稍加点拨，无忌便学会了。父子俩在这小小木筏之上，一般地拆招喂招。

这日殷素素见海面波涛不兴，木排上两张风帆张得满满地直向南驶，忍不住道："大哥不但武功精纯，对天时地理也算得这般准，真是奇才。"

谢逊武功高强，兼通诗赋，精于航海与历算之术，想必也懂得海水的净化技术。

海水中除了泥沙、生物、腐殖质，还有重金属和各种盐类，净化起来比江河之水要难得多得多。

　　想让海水从不能饮用到可以饮用，最简单的方法大概就是蒸馏了。找一口特制的大锅，倒进海水，盖上锅盖，慢慢烧煮，使水蒸气沿着锅盖上的气孔排出，然后进入一个长长的冷却管道，冷却成相对干净的淡水，滴滴答答流入存放淡水的容器。

　　当初谢逊去冰火岛，是坐在冰山上飘过去的，只携带一根双头狼牙棒，没有食物，没有淡水，锅碗瓢盆统统没有，要通过蒸馏的方式来净化海水是不可能的。他在大海上漂流了几天几夜，怎么解决饮水问题呢？

　　或许他可以借助反渗透膜。

　　反渗透膜是当今世界上发展最快的海水净化工具，它能在外界压力的作用下，从高浓度海水中提取饮用水。

　　取一个 U 型玻璃管，在管子中心放一张膜，该膜将 U 型管均匀分成两个部分，并且非常单薄，非常致密，只能让水分子通过，不会让泥沙、悬浮颗粒、动植物尸体的腐殖质、各种重金属离子、各种有毒化合物通过。现在你往膜左侧的管口里注入淡水，往膜右侧的管口里注入海水。淡水浓度低，海水浓度高，低浓度的淡水会自动向高浓度的海水一方流动，以达到两侧溶液浓度相等的稳定状态。但是有那张膜挡着，只允许水分子闯关，所以淡水里的水分子就争先恐后地挤过那张膜，加入到海水的队列。

　　像这种只允许特定分子通过的膜，我们叫做渗透膜。

　　渗透膜可以净化海水吗？理论上也是可以的。假定你有一张比较坚固的渗透膜，把它固定在 U 型管的中心，从任意一侧的管口注入海水，另一侧空空如也。海水越注越多，水柱越来越高，在水压的作用下，靠近渗透膜的水分子会穿过膜壁，缓缓流到另一侧，使空荡荡的管子里现出少量的淡水。

但是这个过程是可逆的。出现淡水的那一侧浓度低，注入海水的那一侧浓度高，低浓度溶液中的一部分水分子会掉头穿过渗透膜，重新回到高浓度溶液，结果呢，只能有极微量的海水得到净化。究竟能净化多大比例的海水，取决于压力，海水一侧受到的压力越大，穿过渗透膜的水分子就越多。

现在我们提升压力，让海水一侧受到的压力超过两侧浓度差造成的渗透压，就能让海水中的水分子持续通过渗透膜，在另一侧形成尽可能多的淡水，并且那些淡水中的水分子又不会掉头返回去。

像这种在持续压力下允许水分子持续通过的渗透膜，我们叫做反渗透膜。

现在所有经济发达的缺水国家都在研究和推广反渗透膜净水技术，因为这种技术比蒸馏法更节省成本，净化效果也更好。该技术不但能把海水变成淡水，还能净化我们日常生活中使用的自来水。当今家用净水器市场上打着"RO膜"旗号的净水设备，如果不是假冒伪劣产品的话，那里面一定有反渗透膜。

遗憾的是，反渗透膜的科技含量极高，谢逊绝对做不出来，除非他像海鸥那样天赋异禀，否则无法利用反渗透膜技术来净化海水。

我们知道，大多数鸟类都是饮用淡水的，但海鸥不一样，它们能饮用海水。1950年，美国科学家索里拉金（Sourirajan）无意中发现，海鸥在海上飞行时，从海面上啜起一大口海水，隔了几秒以后，又吐出一小口海水。索里拉金把海鸥带回实验室解剖，在海鸥的嗉囊位置找到了一层薄膜。该膜构造精密，渗透性好，海鸥正是利用这层薄膜，把海水过滤成可以饮用的淡水，而那些含有杂质及高浓缩盐分的海水则被挡在膜外，最后被吐了出去。

谢逊是不是天赋异禀呢？当然是，从他长相上就看出端倪。

忽听得有人咳嗽一声，说道："金毛狮王早在这里！"众人吃了一惊，只见大树后缓步走出一个人来。那人身材魁伟异常，满头黄发，散披肩头，眼睛碧油油地发光，手中拿着一根一丈六七尺长的两头狼牙棒，在筵前这么一站，威风凛凛，真如天神天将一般。

金发碧眼，身材魁梧，谢逊挺像欧罗巴人种。欧罗巴人种并没有发育出反渗透膜，但是我们不能排除谢逊这种江湖异人进化出反渗透膜的可能性。如若不信，且看《倚天屠龙记》第五回的描写。

谢逊拿起另一大碗毒盐，说道："我姓谢的做事公平。你吃一碗，我陪你吃一碗。"张开大口，将那大碗盐都倒入了肚中。

这一着大出众人意料之外。张翠山见他虽然出手狠毒，但眉宇间正气凛然，何况他所杀的均是穷凶极恶之辈，心中对他颇具好感，忍不住说道："谢前辈，这种奸人死有余辜，何必跟他一般见识？"谢逊横过眼来，瞪视着他。

张翠山微微一笑，竟无惧色。谢逊道："阁下是谁？"张翠山道："晚辈武当张翠山。"谢逊道："嗯，你是武当派张五侠，你也是来争夺屠龙刀么？"

张翠山摇头道，"晚辈到王盘山来，是要查问我师哥俞岱岩受伤的原委，谢前辈如知晓其中详情，还请示知。"

谢逊尚未回答，只听得元广波大声惨呼，捧住肚子在地下乱滚，滚了几转，蜷曲成一团而死。张翠山急道："谢前辈快服解药。"

谢逊道："服什么解药？取酒来！"天鹰教中接待宾客的司宾忙取酒杯酒壶过来。谢逊喝道："天鹰教这般小气，拿大瓶来！"那司宾亲自捧了一大坛陈酒，恭恭敬敬地放在谢逊面前，心中却想："你中毒之后再喝酒，那不是嫌死得不够快么？"

只见谢逊捧起酒坛，咕咚咕咚地狂喝入肚，这一坛酒少说也有二十来斤，竟给他片刻间喝得干干净净。他抚着高高凸起的大肚子拍了几拍，突然一张口，一道白练也似的酒柱激喷而出，打向白龟寿的胸口。白龟寿待得惊觉，酒柱已打中身子，便似一个数百斤的大铁锤连续打到一般，饶是他一身精湛的内功，也感抵受不住，晃了几晃，昏晕在地。

谢逊转过头来，喷酒上天，那酒水如雨般撒将下来，都落在巨鲸帮一干人身上。自帮主麦鲸以下，人人都淋得满头满脸，但觉那酒水腥臭不堪，功力稍差的都晕了过去。原来谢逊饮酒入肚，洗净胃中的毒盐，再以内力逼出，这二十多斤酒都变成了毒酒，他腹中留存的毒质却已微乎其微，以他内功之深，这些微毒已丝毫不能为害。

谢逊和另一人一起服下毒药，那个人很快中毒身亡。而谢逊呢？喝下二十斤陈酒，先把毒药融化成溶液，然后再用内力逼出，洗净了胃里的剧毒。从医学角度看，谢逊是通过洗胃来解毒的，不过结合前文对反渗透膜的介绍，也许他真的像海鸥那样，体内长了一张反渗透膜，将高浓度的毒药和酒精大分子挡在了外面。

　　要想让反渗透膜起作用，必须施加足够大的并且方向正确的压力。这一点不用担心，谢逊内力高深，运用自如，想往哪儿施加压力，就能往哪儿施加压力。

击石取火

有了科技含量极高的反渗透膜，有了科技含量不高的沙滤、矾滤和蒸馏，饮水的问题就不用担心了。下一个问题是，如何取火？

《倚天屠龙记》第七回，张无忌的亲生父母张翠山和殷素素抵达冰火岛，马上遇到取火的问题。

张翠山在洞中清洗。殷素素用长剑剥切两头白熊，割成条块。当地虽有火山，但究在极北，仍是十分寒冷，熊肉旁放以冰块，看来累月不腐。殷素素叹道："人心苦不足，既得陇，又望蜀，咱们若有火种，烧烤一只熊掌吃吃，那可有多美。"又道："只怕洞中的冰块老是不融，冲不去腥臭。"张翠山望着火山口喷出来的火焰，道："火是有的，就可惜火太大了，慢慢想个法儿，总能取它过来。"

张翠山和殷素素捕到两头白熊，没有火，只能生吃。那座岛上有火山，火当然不缺，可是火山那么热，无法靠近，张、殷二人武功再高，也不能坐在火山口上涮火锅。

张翠山道："火山口火焰太大，无法走近，只怕走到数十丈外，人已烤焦了。咱们用树皮搓一条长绳，晒得干了，然后……"殷素素拍手道："好法子！好法子！然后绳上缚一块石子，向火山口抛去，火焰烧着绳子，便引了下来。"

两人生食已久，急欲得火，当下说做便做，以整整两天时光，搓了一条百余丈长的绳子，又晒了一天，第四天便向火山口进发。

那火山口望去不远，走起来却有四十余里。两人越走越热，先脱去海豹皮的皮裘，到后来只穿单衫也有些顶受不住，又行里许，两人口干舌燥，遍身大汗，但见身旁已无一株树木花草，只余光秃秃、黄焦焦的岩石。

张翠山肩上负着长绳，瞥眼见殷素素几根长发的发脚因受热而卷曲起来，心下怜惜，说道："你在这里等我，待我独自上去吧。"殷素素嗔道："你再说这些话，我可从此不理你啦。最多咱们一辈子没火种，一辈子吃生肉，又有什么大不了的？"张翠山微微一笑。

又走里许，两人都已气喘如牛。张翠山虽然内功精湛，也已给蒸得金星乱冒，头脑中嗡嗡作声，说道："好，咱们便在这里将绳子掷了上去，若是接不上火种，那就……那就……"殷素素笑道："那就是老天爷叫咱俩做一对茹毛饮血的野人夫妻……"说到这里，身子一晃，险些晕倒，忙抓住张翠山的肩头，这才站稳。张翠山从地下捡起一块石子，缚在长绳一端，提气向前奔出数丈，喝一声："去！"使力掷了出去。

但见石去如矢，将那绳子拉得笔直，远远地落了下去。可是十余丈外虽比张殷二人立足处又热了些，仍是距火山口极远，未必便能点燃绳端。两人等了良久，只热得眼中如要爆出火来，那长绳却是连青烟也没冒出半点。张翠山叹了口气，说道："古人钻木取火，击石取火，都是有的，咱们回去慢慢再试罢！这个掷绳取火的法子可不管用。"

殷素素道："这法子虽然不行。但绳子已烤得干透。咱们找几块火石，用剑来打火试试。"张翠山道，"也说得是。"拉回长绳，解松绳头，劈成细丝。火山附近遍地燧石，拾过一块燧石，平剑击打，登时爆出几星火花，飞上了绳丝，试到十来次时，终于点着了火。

两人喜得相拥大叫。那烤焦的长绳便是现成的火炬，两人各持一根火炬，喜气洋洋地回到熊洞。殷素素堆积柴草，生起火来。

两人最初用草绳引火，失败了，又想到钻木取火和击石取火的法子。

钻木取火的原理是摩擦生热。找一根干燥的木头，削出尖头，去钻另一根干燥的木头，假如旋转速度足够快，应该可以使两根木头相接触的地方碳化，并逐渐升温到引燃点以上，进而生出火来。但这种方法说起容易，做起来很难。

从汉唐到明清，每年寒食节过完，历代皇帝都会让小太监去钻木取火，然后把火种分发给王公大臣，这是向原始社会致敬的一种方式。小太监们将质地坚硬的枣木削尖，中段刻出凹槽，缠上绳索，制成简陋的木钻，在质地松软的桐木上钻洞。他们双手齐上，拉动木钻，使尽吃奶的力气，直到把手掌磨出血泡，都未必钻得出火花。一般情况下，几十个小太监同时钻木取火，也只能有一个两个侥幸成功，进而得到皇帝的奖赏。

因为钻木取火太费力气，成功率太低，所以从有文字记载的时代开始，古人生活中真正普及的取火方式是击石取火。

　　击石取火的石，是指燧石，俗称"火石"，主要成分是二氧化硅，并含磷、锰以及少量稀土元素，例如铈和镧。用铁器敲击燧石，会形成颗粒很小但表面积很大的碎屑，这些碎屑与空气中的氧气充分接触，在分子剧烈运动所产生的热力作用下急剧升温，变成火花喷溅出去。

　　实际上，普通岩石受到撞击，同样会产生火花。即使不用岩石，仅仅用一块铁去敲击另一块铁，也会有火花出现。例如《天龙八部》第四十七回。

　　巴天石摸到木屑已有饭碗般大一堆，当即拨成一堆，拿几张火媒纸放在其中，将自己单刀执在左手，借过钟灵的单刀，右手执住了，突然间双手一合，铮的一响，双刀刀背相碰，火星四溅，火花溅到木屑之中，便烧了起来，只可惜一烧即灭，未能烧着纸媒，众人叹息声中，巴天石双刀连碰，铮铮之声不绝，撞到十余下时，纸媒终于烧了起来。

　　普通岩石和铁器相撞产生的火花数量偏少，热度不够，故此巴天石要让双刀连撞十几下，才能将纸媒燃着。

　　所谓纸媒，未必全是纸，还可能是晒到干透的通心草、软细如棉的艾绒、除去树胶的芭蕉根、剥离种子的木棉花。火花飞溅到这些东西上，逐渐引燃，再轻轻吹旺，火花变成小火苗，再引燃稻草与干柴，即可煮熟食物。

　　与普通岩石和铁器相比，燧石中的易燃物丰富（磷、铈、镧都是燃点很低的元素），产生的火花多而集中，是天然岩石中最便于获得和最适合取火的好东西，火山附近俯拾皆是。张翠山和殷素素后来就在火山附近找到几块燧石，平剑击打，撞出火花，成功引燃了已被火山烤透的绳索。

剑是铁器，为什么要用铁器击打燧石，而不用燧石击打燧石呢？其实燧石相撞也有火花，但燧石这种物质就像碳素铁那样硬而脆，撞击次数多了，免不了碎成小块，还得再去寻找新的燧石。剑多用钢铁铸造，既坚硬又柔韧，比燧石耐撞，也不至于把燧石撞碎。

侠客们行走江湖，怀里或者百宝囊里一般都揣着三样取火器材：火刀、火石、火绒。火绒就是前面说的纸媒，火石就是燧石，火刀则是一块厚刃宽背的铁刀，它不能杀敌，只用来敲击燧石。

金庸早期作品《碧血剑》的时代背景是明朝末年，后期作品《鹿鼎记》的时代背景是清朝前期，两部书里都出现了由洋人发明的火枪。明朝引进的火枪较为落后，发射前需要点燃火绳，叫做"火绳枪"；清朝引进的火枪较为先进，那种直接扣动扳机即可发射铅弹的"燧发枪"已经成为清军火器营中的标准装备。《鹿鼎记》里平西王吴三桂赠送给韦小宝的那把火枪，发射前不需要点燃火绳，就是正宗的燧发枪。燧发枪是怎么点燃火药的呢？归根结底还是一个击石取火的过程：在枪支的扳机上端连接一个弹簧片，在弹簧片的前端镶嵌一块铁片，然后在击发槽里安放燧石。扣动扳机，弹簧弹出铁片，铁片撞击燧石，燧石溅出火花，火花引燃火药，火药爆炸，强大的推力将子弹从枪膛里射出去。

就在不远的二十年前，广大烟民使用的打火机同样是用燧石取

火——火机顶端有一个小小的金属轮，金属轮底下就是一小块燧石。我
们用大拇指快速转动金属轮，金属轮摩擦燧石，燧石溅出火花。与此同时，
打火机里存储的汽油、煤油或者甲烷等燃料喷射到火花上，一股火苗腾
空而起。

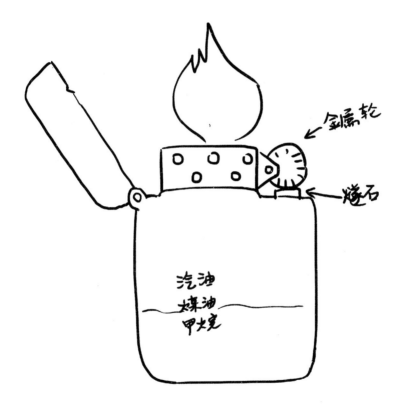

　　遗憾的是，张翠山生在元朝，打火机尚未发明，他和殷素素生火做饭，
只能用铁器击打燧石。

生命之盐

　　火生着了，肉烤熟了，张翠山和殷素素在海上漂流多日，第一次尝到熟肉，馋得几乎连舌头都吞下肚去。吃完这顿美味的饱餐，他们保留了火种，以免下回再击石取火。

　　然后呢，他们便在冰火岛上住了下来，"捕鱼打猎之余，烧陶做碗，堆土为灶，诸般日用物品次第粗具。"

　　氧气，岛上不缺。火种，已经保留。淡水，岛上也有。食物，靠捕鱼打猎。住处，是一座山洞。家具，用土烧制，自己造出简陋的陶瓷用品。他们似乎什么都有了，但是还缺一样东西，还缺一样生死攸关的重要物质——盐。

　　盐，地球上一切动物所必需。没有氧气、水、食物，活不下去。没有盐，同样活不下去。

　　我们常说的盐，是指氯化钠。氯化钠对动物非常重要，主要是因为钠离子可以传递神经信号。氯离子在传递神经信号时也并非毫无用处，它还有维持体内酸碱平衡的功效。

　　我们人体的每一根神经纤维都是一根空心的管子，这些管子里装满了水、氯化钠以及氯化钾。氯化钠和氯化钾在水中溶解，理所当然会产生氯离子、钠离子和钾离子。氯离子其实就是得到一个外层电子的氯原子，它带负电；钠离子和钾离子其实就是失去一个外层电子的钠原子和钾原子，它们带正电。

神经纤维外部同样有氯离子、钠离子和钾离子存在。当神经纤维没有受到刺激时，管子内部的氯离子比钠离子和钾离子多，管子外部的钠离子和钾离子比氯离子多，管子内带负电，管子外带正电，正负处于平衡状态。假如神经纤维接受到刺激，哪怕是一个极其微小的刺激，被刺激部位附近的那段管壁都会自动打开一扇允许钠离子通过的"小门"，让带正电的钠离子跑到管子里面，使管内带正电，管外带负电，结果就让管子内外的正负电场来了个乾坤大挪移，又给下一段的神经纤维构成了刺激。下一段神经纤维管又会自动打开一扇允许钾离子通过的"小门"，让带正电的钾离子跑到管子外面，使管内带负电，管外带正电，然后又给下下一段的神经纤维管构成刺激……钠离子和钾离子在神经纤维管的内外两侧依次流进流出，神经信号就会沿着这两种离子进出方向的垂直方向不断向前传播，直到被我们的大脑所感知。

如果您没有听懂，不妨将钠离子和钾离子想象成一群小学生。钠离子穿白色校服，钾离子穿黑色校服，黑白交替站队，排成一字长蛇阵。老师一声口令，站在最前列的钠离子左跨一步，排在它后面的钾离子跟着右跨一步，再后面那个钠离子跟着左跨一步，再后面那个钾离子跟着右跨一步……大家的动作干净利落，次第进行，校长站在主席台上往下瞧，将看到一条黑白条纹的波浪，飞快地涌向远方。在那条波浪上载沉载浮并渐行渐远的波纹，就是神经信号。

钠钾离子的"摆动"速度非常快，神经信号的传递速度自然也非常快。就我们人类这种脊椎动物而言，钠钾离子不断进出神经管壁所产生的电压差传播速度（相当于神经信号的传播速度），可以达到120米每秒，比最快的磁悬浮列车还要快很多倍。也只有这么快的传播速度，才能让我们在火烧屁股和针扎脚板的危急时刻，迅速发觉并迅速逃离。

试想一下，假如没有钠离子和钾离子，我们的神经信号就没办法传递，我们也就失去了知觉。你打我一拳，我不知道。你砍我一刀，我还不知道。非但如此，心脏跳动也是靠神经信号指挥的，如果我不能将体内的钠离子和钾离子维持在正常水平，心率会变慢，心肌收缩能力会减弱，这时除非趁早喝下一碗盐水，再吃一根香蕉，否则我的结局必然是永垂不朽。心率变慢为什么要吃香蕉呢？因为香蕉是钾含量最丰富的水果，可以补充体内的钾离子。吃蔬菜也能补充钾离子，但是效果比香蕉差一些。

人类需要钾离子，但不用专门补充，平常吃的食物中就含有很多钾。可是钠离子呢？只能通过食用氯化钠来专门补充。植物中有微量的钠，肉食中有少量的钠，无论吃菜还是吃肉，摄入体内的钠都远远不够。

既然我们需要钠，干吗非要食用氯化钠呢？食用纯钠不是更好吗？这里必须说明，钠离子跟纯钠是不同的。纯钠是金属，化学性质极其活泼的碱金属，它只有一个外层电子，极容易被氧化。纯钠遇到水，会立即与水反应，生成大量氢气，因为钠的密度低于水，氢气会推动钠块在水面上四处旋转，一面旋转，一面放出热量，仿佛传统节日期间燃放的一种俗称"地老鼠"的焰火，杀伤力惊人。所以呢，如果您胆敢口服一小块纯钠，那么……

许多化合物都含有钠元素，可惜都像纯钠一样，不太适合食用。比如说，氰化钠有剧毒，硝酸钠有微毒，亚硝酸钠致癌，碳酸钠有轻微腐蚀性，氢氧化钠有强烈腐蚀性，硫酸钠刺激眼睛和皮肤……只有氯化钠无毒无害，无刺激无腐蚀，还没有难闻的怪味儿，简直就是上天恩赐给我们的一个大红包。更可贵的是，这个大红包还特别容易抢到。

在海水里，在土壤里，在岩石里，在某些植物的根茎里，都隐藏着数量庞大的氯化钠分子，等待我们去开采，去食用。

张翠山夫妇隐居冰火岛，那里靠海，从海里取盐有两种方式，一是煮，二是晒。

他们不是"烧陶做碗，堆土为灶"吗？不是自己烧制了锅碗瓢盆吗？不是保住了火种吗？那么，用陶盆舀一盆海水，倒进陶锅里，架在土灶上，慢慢煮干。海水蒸发了，海盐留在锅底，那里面除了氯化钠，还有其他不能吃的杂质，看上去黑糊糊的一层，尝起来又咸又苦又腥又臭。再去舀一盆淡水（冰火岛上小溪潺潺，不缺淡水），把锅底那层黑泥搅开，融化，等杂质沉淀下去，将上面较为干净的溶液倒出来，把锅底的黑泥刮掉。如果有必要的话，还可以从殷素素的纱裙上撕下一块布，用布过滤一遍，让溶液更加干净。最后再把干净的溶液倒回锅里，再次煮干，一层洁白的粗盐就在锅底结晶了。

煮盐费工，也费燃料，没有晒盐划算。怎么晒盐呢？张翠山可能要使出他的趁手兵器烂银虎头钩，在海边开一道沟，打一道垅，平整出一块好似菜地的盐田，铺上一捆一捆的茅草和干树枝。涨潮时，海水沿着沟道流入盐田，不再退回。风吹日晒，海水蒸发，黑泥沉底，白花花的大盐粒子在茅草和树枝上自然结晶。将盐粒扫到陶盆里，加入淡水，调成溶液，滤去杂质，再次晒干，即可得到比较干净的食用盐。

有些人没有张翠山夫妇如此好运气，隐居的地方离海太远，没办法提炼海盐。比如说，小龙女在绝情谷隐居十六年，陈家洛和红花会群雄的后半生都在回疆度过，买不到盐的时候，只能跟岩石和碱土要盐。

有些岩石打成粉末，是可以在水中部分融化的。这些可溶性岩石包括三类：碳酸盐岩石、硫酸盐岩石、卤盐岩石。其中卤盐岩石富含氯化钠和氯化钾，将其打碎，用水溶解，滤掉石粉，煮水取盐，一样可以食用。

碱土在回疆更容易见到。大片大片的盐碱地，白花花的，寸草不生（除了极少数喜盐的植物），扫出土来，淋水取盐，再用分层结晶的简单方式去分离，既能得到以氯化钠为主要成分的盐，又能得到以碳酸钠为主要成分的碱。碳酸钠、碳酸钾、碳酸氢钠，这些碱不适合调味，但是可以和面，甚至还能去污，与油脂相结合，可以制成简单的洗涤剂。

还有一种更加简便的取盐方法：烧灰取盐。在新疆和甘肃一带（也就是陈家洛隐居的回疆），生长着一种名叫"盐蓬草"的喜盐植物，又名"盐蒿子"。将这种植物晒干，烧成灰，溶于水，分层结晶，也能得到丰富的盐和碱。

两千年前生活在美洲大陆的玛雅人，学会了从棕榈叶中烧灰取盐。三千年前生活在中国东北的肃慎人（《鹿鼎记》中小玄子的祖先），学会了"烧木作灰，取汁而食之"（《晋书》）。还有明朝时岭南山区的居民，"山深路远不通盐，蕉叶烧灰把菜腌。"（《粤西诗钞》）买不到盐，用芭蕉叶烧灰取盐。由此可以推想，小龙女独自一人隐居绝情谷时，缺盐缺到受不了，可能也会吃点儿草木灰，为寡淡无味的食物增添一点点咸味。之所以这样推想，只因为她是女生，女生一般都不愿意费力去从岩石和碱土中开采食盐。

需要说明的是，从草木灰中取得的盐，主要成分并非氯化钠，而是氯化钾。氯化钾也有咸味儿，只是没有氯化钠味道纯正，现在被我们称作"代盐"。

现代人不缺食盐，现代中国人的食盐摄入量一般都高于正常值，反而对健康构成危害，加大了心脑血管疾病的发病率。为了少吃食盐，以后我们不妨买些"代盐"。也就是说，可以在氯化钠里掺一些氯化钾，把体内钠离子的含量降下来。

把石头穿在身上

咱继续探讨小龙女的隐居生活。

《神雕侠侣》第二十九回，杨过终于在绝情谷底找到了魂牵梦绕的小龙女，两人会面的情景是这样的。

举步入内，一瞥眼间，不由得全身一震，只见屋中陈设简陋，但洁净异常，堂上只一桌一几，此外便无别物，桌几放置的方位他却熟悉之极，竟与古墓石室中的桌椅一模一样。他也不加思量，自然而然地向右侧转去，果然是间小室，过了小室，是间较大的房间。房中床榻桌椅，全与古墓中杨过的卧室相同，只是古墓中用具大都石制，此处的却是粗木搭成。

但见室右有榻，是他幼时练功的寒玉床；室中凌空拉着一条长绳，是他练轻功时睡卧所用；窗前小小一几，是他读书写字之处。室左立着一个粗糙木橱，拉开橱门，只见橱中放着几件树皮结成的儿童衣衫，正是从前在古墓时小龙女为自己所缝制的模样。他自进室中，抚摸床几，早已泪珠盈眶，这时再也忍耐不住，眼泪扑簌簌地滚下衣衫。

忽觉得一只柔软的手轻轻抚着他的头发，柔声问道："过儿，什么事不痛快了？"这声调语气，抚他头发的模样，便和从前小龙女安慰他一般。杨过霍地回过身来，只见身前盈盈站着一个白衫女子，雪肤依然，花貌如昨，正是十六年来他日思夜想、魂牵梦萦的小龙女。

细心的读者应该发现一个问题——小龙女在那里住了十六年，没有商场，没有淘宝，没有服装店，她的衣服怎么换洗呢？十六年前是一身白衫，十六年后还是一身白衫，如果她穿的还是同一件衣服，什么牌子的衣服如此耐穿？

小龙女见到杨过，第一个动作是用手帕给他擦汗，金庸先生交代了这只手帕的来历。

小龙女从身边取出手帕，本来在终南山之时，杨过翻罢筋斗，笑嘻嘻地走到她身旁，小龙女总是拿手帕给他抹去额上汗水，这时见他走近，脸不红，气不喘哪里有什么汗水？但她还是拿手帕替他在额头抹了几下。

杨过接过手帕，见是用树皮的经络织成，甚为粗糙，想象她这些年来在这谷底的苦楚，不禁心酸难言，轻轻抚着她头发，说道："龙儿，也真难为你在这里挨了一十六年。"

手帕可以用树皮织成，衣服却不可以，因为树皮纤维太粗，缝隙太大，会让小龙女走光。

我的推测是，绝情谷不缺石头，小龙女身上那件白衫，极可能是用石头纺成的。

石头怎么能纺衣服呢？咱们慢慢道来。

　　大约两千年前，周穆王征西戎，把西戎打得屁滚尿流，乖乖投降，老老实实献出两件宝物。什么宝物呢？一件是昆吾剑，一件是火浣布，前者极为锋利，可以切金断玉，后者非常神奇，经久耐穿，结实耐用，脏了也不用担心，用火烧一烧就干净了。

　　关于火浣布，《列子·汤问》是这么写的："浣之必投于火，布则火色，垢则布色，出火而振之，皓然疑乎雪。"别的布脏了用水洗，火浣布脏了用火洗——往火里一扔，布烧红了，污垢烧白了，取出放凉，轻轻一抖，污垢簌簌落下，布色洁净如新，仍然像雪一样白。

　　如此神奇的布料，古人当然感兴趣，古籍当然要提及，《列子·汤问》以降，历代文献中都开始冒出火浣布的身影。例如《三国志》："（魏明帝景初三年）二月，西域重译献火浣布。"再如《博物志》："火浣布，污则烧之如洁。"再如《拾遗记》："（燕昭王）坐通云之台，以龙膏为灯，……灯以火浣布为缠。"

　　曹操的儿子曹丕当皇帝时，自夸博学多识，不相信火浣布是真的，他写了一部《典论》，论述火浣布以及其他很多神奇物品的荒诞不经。过了没多久，西域某国送来了火浣布，他亲自试验，果真是遇火不燃、能用火洗，忍不住一声长叹，把《典论》给撕了。由此看来，世上真有这种神奇的布匹，可惜并不出产于当时的中国。

　　火浣布到底是怎么制造出来的呢？《山海经》上说，这款布来自世界最西端的昆仑神山，是神仙西王母的发明创造。《搜神记》上说，昆仑山上常年大火，花草树木和飞禽走兽都在熊熊烈火里生活，等这里的动植物死掉，就可以用它们的根茎和毛皮制作火浣布了。《神异经》上说，世界最南端有一座火山，火山上有一种老鼠，像人一样庞大，一百多斤重，长着二尺长的毛，火浣布就是用这种老鼠的毛纺织而成的。《十洲记》上说，遥远的南海中有一座面积超大的火山岛，两千里长，两千里宽，岛上生活着一种怪兽，长相像豹子，身材像猫咪，土著用大网捕捉，刀劈火烧都不死，风一刮就复活，剪下它的毛，可以织火浣布。

读者诸君都受过唯物主义教育，肯定不会采信上述说法。那么好，我们再来听听比较靠谱的言论。

据《铁围山丛谈》记载，宋朝与阿拉伯开展贸易，在宋哲宗时换到一些火浣布，朝野上下爱如至宝。后来宋徽宗即位，让巧手工匠仔细研究这种布料，发现并非用传说中的神兽毛发织成，原料只是一种矿物而已。从此以后，"御府使人自纺绩，为巾褥裙袍之属，多至不足贵。"大宋朝廷自主生产，安排工匠采料制造，做出大批的毛巾、被褥、裙子、袍子，火浣布再也不名贵了。

《铁围山丛谈》的作者是蔡绦，蔡绦是北宋大奸臣蔡京的儿子，人品很一般，但文章很切实，他的记载向我们证明，火浣布的原料是矿石，并且至少从宋朝开始就已经有了国产火浣布。

什么样的矿石可以加工火浣布呢？其实一切纤维状的矿物都可以。我们知道，矿石会在自然条件下慢慢风化分解，某些矿石会分解成丝丝缕缕的粉状物，用手就能搓开，摸上去软软的，有韧性，仿佛海边沙滩上堆积的藻泥。如果小龙女将这种矿物开采出来，漂去泥沙，放到天然的石臼里捣匀，用谷底的泉水漂去多余的粉尘，剩下的就是长短不一的石棉纤维。然后她在石棉纤维里掺入少量树皮纤维，捻成长条，纺出石棉线，再把这些石棉线织成布，就可以得到传说中的火浣布，现在我们叫它"石棉布"。

石棉布耐高温，透气性好，能吸水，可以搓绳，可以做灯芯，也可以作为建筑材料和防火材料，所以在 20 世纪应用很广。但它也有很大的缺点——制造过程非常不环保，会产生大量有害粉尘，给身体健康带来极大危害。

小龙女生活在南宋，南宋有一个名叫周密的人，出身世家，父亲和祖父都是大官，曾祖还是苏东坡的学生，他亲眼见过那时候的石棉布："色微黄白，丝缕蒙茸，若蝶粉蜂黄然。"（周密《齐东野语》）石棉布的颜色黄里透白，用手一摸，指头上粘满石粉，就像蝴蝶和蜜蜂翅膀上粘满花粉似的。现在我们知道，这些石粉其实就是加工过程中产生的粉尘，如果天天穿在身上，很可能患上尘肺病。

小龙女自制手工皂

现在换个假设，假设小龙女那身洁白如雪的衣衫，不是沾染粉尘的石棉，而是她自己纺织的布料。

石棉脏了，烧一烧就能"洗"净。布料脏了，必须用水去洗。光用水还不行，还得掺一些洗涤剂，才能将污渍去除干净。

那么小龙女该如何获得洗涤剂呢？

首先她可以使用一种纯天然的去污用品：皂角。

皂角是皂角树的果实，外形像扁豆角，把荚剥开，里面是光滑浑圆的种子，俗称"雪莲子"，又叫"皂角米"。皂角米富含皂苷，皂苷是非常复杂的有机化合物，由苷元和糖链构成。其中苷元具有"亲脂性"，喜欢吸附脂肪分子；糖链具有"亲水性"，喜欢吸附水分子。

当丫丫叉叉的皂苷分子链溶于水时，只要水中漂浮着肮脏的满是油渍的衣服，苷元那端就会一头钻进油渍的怀抱，糖链那端则会伸到干净的水中，结果衣服上的油渍就被皂苷分子链包围，拽走，分离成一小坨一小坨的污团。再经过冲刷、揉搓与漂洗，小污团随水而去，渐行渐远，衣服上的油渍消失不见……这就是皂角可以去污的原理。

　　仅能去污并不稀奇，皂角有一个最大的好处——能吃。大伙可以去任何一家大型购物网站搜一下"皂角米"或者"雪莲子"，相关产品一定不是分在洗化用品的门类，而是被挂在食品门类。这种食品像莲子一样包装出售，售价很贵，差不多一斤要卖两百块。

　　买回来怎么吃呢？先用清水泡上一整天，把这些皂角米泡软，泡发，再煮成粥。粥里可以加糖，也可以放盐，根据你喜欢什么口味而定。听说也有人在炖鸡汤和熬米粥时放几粒皂角米，能让汤汁发粘，口感更好。

　　皂角米为啥能让汤汁发粘呢？因为它低蛋白、低脂肪、含有植物性胶，加热后能吸水，晶莹剔透，像凉粉一样，像葛粉一样，像阿胶和猪蹄里的胶原蛋白，也像美女吹弹可破的皮肤。

现代中国美容成风，奸商趁机误导大众，将所有看起来吹弹可破的食材都打上了美容养颜的标签。皂角米之所以卖那么贵，跟虚假宣传是有很大关系的。事实上，这种食材里的植物性胶仅仅看起来像胶原蛋白，本质上只是膳食纤维，与胶原蛋白完全无关，更不可能有美容效果。即使它像猪蹄与阿胶一样含有胶原蛋白，吃进去也不会有美容功效，因为任何一种胶原成分进入消化道，都逃脱不掉被分解成碳水化合物的命运，如果消化不完，还会被转化成脂肪囤积起来。

如果绝情谷底没有皂角，小龙女还可以尝试种植一些豌豆（前提是她可以搞到豌豆的种子）。作为一种营养丰富的粮食作物，豌豆除了可以果腹，也能像皂角一样去污。

不知道大家有没有听过《世说新语》中的一个故事，说是东晋贵族王敦娶了晋武帝的公主，马上搬进一所豪宅，家中陈设鸟枪换炮，有些东西他不认识。比如说有一次，他上完厕所出来，丫鬟用金盘盛水，用玻璃碗盛澡豆，让他洗手，他居然把澡豆倒进水里，一口气吃光了，惹得众丫鬟掩口而笑。这个王敦吃的澡豆，就是早期的一种肥皂，用豌豆粉和香料制成，不仅可以拿来洗澡，而且可以吃，因为无毒，还很香。

豌豆粉天然拥有去污功能。记得笔者小时候，妈妈喜欢将豌豆泡软捣碎，加上盐，拍成饼子，上笼蒸熟，称为"鳖馍"。有一回她蒸鳖馍蒸得太多，天热没吃完，馊了，她不舍得扔，就用鳖馍刷锅，效果很好。

豌豆粉可不含皂苷，为何也能去污呢？这是因为豌豆蛋白的分子链很像皂苷的分子链，既有亲水的基团，又有亲油的基团。在温度合适、酸碱度适中的液体中，在亲水基团和亲油基团的共同作用下，豌豆蛋白同样能把部分油渍从衣物上"拽"走。

豌豆粉能去污，最早可能是印度人发现的。按佛教经典《五分律》记载，佛陀住世时看见一些弟子在大树上蹭痒，背都蹭破了，于是命令他们用澡豆沐浴。再查《十诵律》，佛陀所说的澡豆正是用豌豆粉、黄豆粉和迦提婆罗草粉制成的小药丸，既能外用，也可内服，就像郭德纲相声里说的那样：洗澡时拿两块肥皂，用一块吃一块，从里到外的香。

汉朝以前，中国没有豌豆。汉朝以后，豌豆跟着佛经传进来，用豌豆做的澡豆也传了进来。一直到清朝末年，北京还有一种"香面铺"，售卖用来洗脸的"豆儿面"，原料仍然是豌豆粉加香料，既能去污，又能增香。

我们中国人还发明过一种去污效果更强的化学用品，俗称"胰子"。胰子是用猪的胰脏配以草木灰或者其他成分，制成的块状肥皂，它富含脂肪酶，能将很难洗掉的油脂分解成脂肪酸。

大概比印度人发明澡豆和中国人发明胰子还要早的时候，腓尼基人和古埃及人分别用不同的方式发明了肥皂。腓尼基人把动物油加热，掺入山毛榉树的炭灰，冷却后即成肥皂。古埃及人则把植物油加热，掺入草木灰，冷却后制成肥皂。草木灰呈碱性，其中的碳酸钾与油脂混合，发生化学反应，产生一种由许多碳氢分子组成的长链。这条长链的一头能吸附油分子，另一头能吸附水分子，所以能把用清水难以去除的油污"拽"到水里，让人和衣服变得干净。

在笔者的豫东老家，每逢红白喜事，乡亲们都要举办村宴，一顿宴席往往会用掉几百副碗盘。饭后刷盘子刷碗，工作量巨大，为了省下购买洗洁精的钱，负责刷洗的主妇都喜欢使用草木灰——把灶台底下的灰土铲出来，均匀地撒到泡满餐具的大水盆里，能够快速去掉餐具上的油腻。要说化学原理，与腓尼基人和古埃及人制肥皂一样，都是因为草木灰里的碱性物质会跟油脂发生反应，生成既有亲水基又有亲油基的大分子链。

当年小龙女在绝情谷底隐居，潭中有鱼，坡前有树，她平日生火烤鱼打牙祭的时候，只需要将鱼油留下来，与烧剩的灰土混合，即可制成最简易的肥皂，用来漂洗她的碗盏和衣服。唯一的遗憾是，用鱼油加工的简易肥皂，会有一些腥味儿。

如果小龙女手头原料充足的话，她可能会制备一批较为精美的手工皂。制备手工皂需要氢氧化钠和氢氧化钾之类的强碱，也需要纯度较高、杂质较少的油脂，此外再加入一些天然的香料，更能提升手工皂的品质。

这里随便说几个自制手工皂的方子，读者诸君可以试试。

第一个方子，柠檬手工皂。

椰子油 30 克，棕榈油 30 克，甜杏仁油 8 克，可可脂 8 克，氢氧化钠 29 克，鲜柠檬适量，榨汁备用。将上述油脂倒进锅里，混合均匀，加热到 60 度，自然降温。将氢氧化钠与柠檬汁混合均匀，自然降温。当油脂温度降到 40 度，氢氧化钠与柠檬汁的混合液降到 50 度时，再将两者均匀混合，充分搅拌，碱与油的混合液会自动变稠。最后将浓稠的碱油混合液倒进模具，任其自然凝固，脱模可用。

第二个方子，薄荷手工皂。

椰子油 75 克，棕榈油 105 克，蓖麻油 60 克，葵花籽油 60 克，氢氧化钠 40 克，薄荷叶 8 克，加水榨汁。将氢氧化钠与薄荷汁混合均匀，自然降温。再将上述各种油脂混合均匀，加热到60度，自然降温。当氢氧化钠溶液降到45度，油脂温度降到40度时，二者混合，持续搅拌。当碱油混合液变得黏稠时，倒入模具，大约两三天后会完全凝固，脱模即可使用。

第三个方子，红酒手工皂。

椰子油60克，棕榈油30克，橄榄油15克，可可脂30克，葡萄籽油90克，氢氧化钠43克，红酒100克。红酒加热到60度，再降温到35度，分批次倒入氢氧化钠，搅拌均匀。上述油脂均匀混合，加热到60度，再降温到35度。将溶解了氢氧化钠的红酒与油脂混合，搅拌至黏稠。最后倒入模具，大约半个月后可以完全凝固。